勉強できる子がやっている片づけの習慣

好妈妈跟我学
全球教子智慧

日本妈妈的超级收纳课

[日]小松易◎著
张宁◎译

中国经济出版社
CHINA ECONOMIC PUBLISHING HOUSE
·北京·

“好妈妈跟我学·全球教子智慧系列”读者热评

正在踌躇要不要生老二，先学习一下吧。书中的很多观念都很好，让我增强了很多的信心！

——京东读者“jdxiaoyezg”《日本妈妈的两个孩子养育课》★★★★★评价

书里讲了很多两个孩子的家庭在孩子成长中会遇到的各种问题，让我这个即将成为俩宝妈的人对未来有了一些清晰的认识，在心理上做好了准备。

——京东读者“jd138116odw”《日本妈妈的两个孩子养育课》★★★★★评价

书很好，孩子很喜欢，后悔买晚了。

——京东读者“杨836”《日本妈妈的学霸小孩养成课》★★★★★评价

这是我读过的最有用的育儿书，推荐有娃的家庭，读的轻松，方法易上手，有作用。

——京东读者“36z”《日本妈妈的正能量亲密教养课》★★★★★评价

很喜欢日本书的风格，看着心情就能平静很多，内容不错，强烈推荐给大家。

——京东读者“xiaoxiasun6150”《日本妈妈的温柔批评课》★★★★★评价

日本教育理念的确有独到之处，有家长的帮助、好的学习方法、形成好的学习习惯，就一定能取得好的成绩，不是孩子聪不聪明的问题，而是有没有掌握好的学习方法，这本书推荐给其他家长，书里的方法很细致实用，可以教给孩子。它山之石可以攻玉，值得一读！

——当当读者“那样儿”《日本妈妈的学霸小孩养成课》★★★★★评价

买了一套，感觉很实用，有很多平时生活上的小例子，写得蛮好的，刚看了一本，挺受用的。

——当当匿名读者《日本妈妈的超级收纳课》★★★★★评价

日本人太细致，考试前怎么睡觉也专门出书讲解，话说作者还是研究睡眠医学的世家，专业背景很强。安排孩子考前的作息时间值得参考一下这本书！

——当当读者“阿嚏阿嚏”《日本妈妈的科学睡眠法》★★★★★评价

译者序

作为一个80后新手妈妈，我还没有想过如何管理孩子，尤其一路求学就业过来，回头想想总是觉得自己受束缚很多，希望自己的孩子可以自由自在、随心所欲地成长。也许您也像我一样，觉得家里到处堆满孩子的东西是很正常的事，孩子还小没什么意识，当然会随意乱放东西，帮他们收拾整洁是大人的义务。但读了小松先生的这本书之后我不再这么认为了。

本书的三个观点对我来说是非常值得借鉴的。一是只有把家里收拾出空闲的空间，才能有机会引进新事物，才能增加孩子对未来的选择机会。这个观点对成人来说也同样适用。没用的东西会让孩子无法集中精神，还占据着有限的空间，只有把它们清理好，才能神清气爽，进而考虑新事物。第二，培养孩子的整理的习惯，用完的每一样东西不仅要放回原位，还要在归位时想想下个人想用的时候希望它是什么状态并整理好，可以让孩子更多地体会别人的感受。第三，就是家人公用一个书桌学习和工作。70后、80后的人大多平日都忙于工作，孩子都由老人帮忙照料，所以平时陪孩子的时间不多，更要注重高质量的陪伴。

其实有时陪伴并一定要共同活动，也可以在家里公共的空间里各自做各自的事情，大人处理工作或学习充电，孩子可以在旁边看书、画画，大家在客厅里公用一个书桌，孩子不但得到了陪伴，还能了解爸妈工作或学习的状态，潜移默化的榜样作用也是不可小觑的。

书中对孩子主要的活动空间应该如何整理都进行了图文并茂的介绍，也提到了21天养成一个习惯的观点。希望读者朋友能跟孩子一起共同实践，相信你们都会各有收获，还能增进感情，何乐而不为呢？

最后我想借此机会感谢协助翻译的黄桥、黄成皎、滕玉英、甘丽娜、任喆、孟小晶。译文舛误难免，概由译者负责，敬希批评指正。

张 宁

2015年10月于北京

作者序

大家好，我是整理师小松易。谢谢您能阅读这本书。

“我跟儿子说了好多次要收拾好东西，他都不听!”“每次收拾东西的时候我都要和孩子战斗!”“不知不觉我又替他收拾好了……”大家的这种感叹越多，我就越觉得收拾东西的问题不是那么容易就能解决的。

我写这本书的目的就是希望能为苦于“孩子不爱收拾房间”的父母提供一点解决“整理问题”的思路。

我在为很多家庭提供整理收纳问题解决建议的过

程中发现，擅长收纳整理的孩子一般都很擅长学习。因为收拾东西、营造整洁的环境有助于孩子提高学习效率，增强学习动力。

以“打造培育幸福之家”为专业的我的朋友建筑师八纳启造先生提倡：“家居环境有助于发掘孩子的才能。”这本书介绍了很多提高孩子专注力的居住环境改善法和培养整理习惯的方法，您可以从中发现有助于您孩子学习的信息。

大家不要因为孩子小而暂时不教孩子如何进行收纳，正因为他们还小，父母才应该趁早培养他们和自己一起收拾东西的习惯。那么，就和我一起，从今天开始培养孩子整理的习惯吧。

目录

第一章 亲子收纳教育Q&A

第二章 培养孩子收纳习惯的重要价值

第三章 培养孩子收纳习惯的诀窍

第四章 不同收纳空间的整理法

第五章 不同房间的整理法

第一章

亲子收纳教育Q&A

帮帮忙吧
小松老师！

我们家的孩子总是乱扔乱放！亲子收纳Q&A

Q 脱掉的脏衣服随手乱扔

我家有两个男孩，一个4岁，一个6岁。换衣服的时候总是把脏衣服脱得到处都是，我要一件一件收起来。我怎么才能让他们把脱下来的衣服都放到脏衣篮里呢？

A 先给他们规定好脱衣服的场所

你可以告诉孩子们："脏衣服要站在脏衣篮前脱。"如果在离脏衣篮较远的地方脱衣服，孩子们可能不愿意再拿着脏衣服放到脏衣篮里；站在脏衣篮前脱衣服，他们很自然就会把换下来的衣服放进脏衣篮了。

Q "嘭"地一声就把书包扔在一边

我的儿子现在10岁，他从学校回来后经常把书包往房间里一扔就跑出去玩儿了。家里明明有挂书包的地方……

A 先问问他这么做的理由

你最好先问问孩子为什么要这么做。听了孩子的理由之后，你要告诉他："你这么扔，书包里的东西就都混在一起了。"孩子如果觉得有道理，就会好好收拾的。

Q 客厅摆满了孩子的学习用具

我有一个10岁的儿子和一个12岁的女儿。他们在客厅做作业的时候会把书包里的东西一股脑儿地倒出来，还摆得到处都是。

A 让孩子只把要做的那门功课的书本拿出来

你可以问孩子：“现在你要做哪门功课的作业啊？”之后让孩子只把那门功课的书本等拿出来。还可以规定范围，告诉他们只能在桌子的某个范围内放东西。

Q 拿出来就不放回去了

我们家的两岁男孩，经常好奇地把箱子和架子上的东西拿出来，之后也不放回去。还要再接着拿别的东西。您能教教我该怎么办吗？

A 给孩子做示范

孩子不把东西收起来是因为他不知道要怎么收拾，家长要先给孩子做示范，一边做示范一边告诉孩子：“这个‘小朋友’的家是在这里的。”“书要立起来放！”这样可以帮助孩子学会收纳。

Q 只把堆积成山的东西移动一下位置，结果还是什么都没收拾

我一让6岁的女儿收拾东西，她就把堆积如山的东西向旁边移动一下。结果只是把东西换了个地方，而并没有收拾好。

A 告诉孩子“什么是收纳”

您是不是没有告诉过孩子什么是收纳呢？您应该仔细地告诉她：“收纳就是把东西放在规定的地方。”

Q 答应过要保持整洁，可是完全不守约

我家10岁的儿子答应过我会在睡觉前把东西收拾好，可是他总也不守约。难道约定的方法不奏效吗?

A 告诉他什么才是“整洁”的状态

您可以告诉他怎么做才算收拾干净了，比如“玩具全都装到箱子里就干净了”。只要有了示范，孩子自然会模仿的。

Q 笔记本和教科书在书桌的一角堆积如山，书架却是空的

我有一个12岁的男孩儿。他的书和笔记本都堆叠在桌子的一角，书架却是空的。我想让他多用用书架，怎么跟他说才好呢?

A 告诉他“用书架整理起来更容易”

书都平放着，取和收都很麻烦。您可以告诉他：“把书立起来放到书架上，想拿的时候一下子就能拿出来。”再教他怎么给课本分类，他才会更好地整理书桌（请参考本书第68页）。

Q 书包里乱七八糟

我有一个8岁的女儿。她的书包里都是上课用的资料和测试题，总是乱七八糟的。

A 决定好什么东西应该放在哪里

书包里乱七八糟的原因是她随意地往书包里装东西。建议您告诉孩子什么东西应该放在哪里，比如发下来的资料放在绿色的文件夹里，测试题放在红色的文件夹里。

Q 已有的收纳空间已经装满了东西，我应该给孩子们买新架子吗？

我有一个女儿和一个儿子，都是11岁。家里的柜子和架子里都已经装满东西了，我应该给孩子们买新架子吗？

A 先整理现有的东西

买是最后的办法。您可以参考本书第41页“整理的第3个步骤”，把不需要的东西扔掉，之后再收拾一遍。“不常用但还需要的东西”一般可以收到柜子里去。

Q 告诉孩子要把东西放在哪里，可东西还是堆得到处都是

我家是一个4岁的女孩儿。在收拾东西时我会引导她什么东西放在哪儿，可她还是把东西堆在一起。收拾东西也是随心所欲，毫无进展。最后我实在忍耐不住了，就自己去收拾好了……

A 进一步简化整理的方法

我建议您不要规定得太细致，可以让孩子把东西大致分为球类、玩偶和积木等几类，整理方法简化成“扔到箱子里就可以”。

Q 洗好的衣服不拿回自己房间

我们家是个12岁的女孩儿。我把衣服洗好、叠好后，她也不拿回自己的房间。就算拿回去了，放进衣柜后也是乱七八糟鼓鼓囊囊的。

A 给孩子规定好将自己的衣服拿回房间的时间

您可以事先跟孩子规定好时间，比如“晚上8点把衣服拿回自己的房间”。每天晚上8点都叫她这样做，持续21天她就会养成习惯了。她收拾得不整齐是因为不知道应该怎么收拾，建议您让她看着您是怎么收拾的。

Q 小玩具越来越多

我家有两个女儿，一个8岁，一个13岁。她们的兴趣爱好一直在变，从串珠、刺绣到编织，她们的小玩具越来越多。

A 让她们意识到自己现在有多少东西

这正好是让她们意识到应该如何管理东西、收拾东西的好机会。您可以让她们用箱子把东西分类，这样一眼就能看清楚都有什么东西。只要她们全面了解了自己拥有的东西，再看到相同的东西时就知道自己已经有了，就不会再乱买东西了。

Q 东西非常不好整理

我有个5岁的女儿。她的玩具都不一样，非常不好整理。怎样收拾才能更容易一些呢？

A 分区收纳

您可以多在收纳区域下功夫。我建议您使用可以自由安装和取下分隔板的收纳箱。或者把大箱子用厚纸板隔成不同区域。根据玩具的形状来变化分区，这样还可以培养孩子的思考能力。

Q 孩子总也改不了在客厅随便放东西的毛病

我家是一个14岁的男孩儿。他总是一边很随便地把东西放在客厅，一边说：“一会儿我就放到我自己屋里去。”结果东西在客厅越堆越多。

A 确保他自己的房间有放东西的地方

您应该告诉他客厅不是他的房间，而且还应该问他为什么要把东西放在客厅。大部分孩子应该都会回答：“我的房间里没有放东西的地方。”您可以告诉他要把自己的房间收拾出来，确保有足够的空间，拿出去的东西要放回原处。

Q 中途产生厌烦情绪，收拾东西坚持不到最后

我的孩子是4岁的女孩儿。她总是在收拾东西中途产生厌烦情绪，坚持不到最后……怎么做才能让她集中精神呢？

A 像做游戏一样收拾东西

在收拾东西的过程中可以放音乐，或者采取竞赛的方式，这样更容易让孩子集中精神（请参考本书第58页）。

Q 总是想一口气收拾完，结果搞得很累

我15岁的女儿每次收拾东西总想一口气收拾完，结果搞得很累，也坚持不到最后。而且，这种恶性循环还在不断地发生。

A 15分钟原则

千万不要一收拾就几个小时，每次15分钟就行了（请参考第67页）。要收拾的空间也要控制在15分钟可以收拾完的范围内。建议您把时间和空间细分好，每天收拾一部分，这样可以收拾得既彻底又轻松。

Q 垃圾不扔到垃圾桶里

我有个7岁的男孩儿。他吃完了点心，就直接把装点心的空袋子放在桌子上，而不会马上把它扔到垃圾桶里。我跟他说过很多遍要把垃圾扔到垃圾桶里……

A 在桌子附近放一个简易的垃圾桶

垃圾桶要是放得很远，小孩子就会觉得很麻烦。建议您用广告传单折一个简易的垃圾盒放在桌子一角，先让孩子养成往里面扔垃圾的习惯。他习惯之后再引导他把垃圾扔到真正的垃圾桶里。

Q 马上就忘了什么东西放在哪儿了

我家是个4岁的女孩儿。她不是收拾东西，而是“把东西藏起来不让大家看见”。然后，马上就忘了自己把东西收拾到哪儿去了。

A 让收纳物可视化，这样更简单

在收拾东西的时候，要注意让收纳物可视化，这样很容易就能从箱子上面看到里面装着什么。要想更简单，可以事先规定好“什么东西一定要放在什么地方”，这样可以避免孩子把东西放在别的地方之后又找不到的情况发生。

Q 让孩子们整理房间总会引起争执

我有一个4岁的女儿、一个6岁的儿子和一个8岁的女儿，家里到处都是他们扔的玩具。只要我一说让他们收拾好，他们就会说不是自己弄乱的，还会打架。我怎么才能让他们不打架还把东西收拾好呢？

A 规定“把东西拿出来的人要负责把东西收拾好”

您可以规定：“把东西拿出来的人要负责把东西收拾好。”（请参考本书第65页）让他们收拾东西的时机就选在做下一个游戏之前。比如，您可以告诉他们：“在做下一件事之前，你们要先把这些东西放回原位。”

Q 我自己就不擅长收拾东西，更不知道怎么教孩子了

我家是一个2岁的男孩儿。我应该怎么告诉他什么是收拾东西呢？一直以来我父母只是告诉我：“收拾东西是你必须要做的事情……”

A 您可以告诉孩子收拾东西是一件能让心情变好的事

周围的环境要是很整洁，您的心情肯定会很好吧。在这样的环境里可以顺利地找到自己想要的东西，顺利地做想做的事。收拾东西就是让自己心情放松地生活和工作。您不要对孩子说：“你现在不做的话之后会很麻烦的。”而要告诉他：“收拾好东西之后你就轻松了，心情也会很好。”

特别收录 不擅长收纳和学习的孩子可以分成三种类型

前、中、后三种类型

我经常在关于整理的演讲上分享“不擅长收拾东西的人的三种类型”。第一种是不收拾东西的“前期型”，第二种是在收拾中途放弃的“中期型”，第三种是收拾完东西后又会弄乱的“后期型”。

以前我在某个高中做演讲的时候也说了上面这段话，之后一位负责教学的老师告诉我：“不擅长学习的孩子也可以分成三种类型。一种是不学习的孩子，一种是在中间扔下书本的孩子，还有一种是成绩提升后却不能保持下去的孩子。”

虽然听说过用减肥来比喻整理，但我还是第一次听到整理和学习如此相似的说法，这真让我瞠目结舌。

学习和整理是相互关联的

在“麻烦”和“劳累”这两点上，收拾东西和学习很相似。但它们还有一个共同点，那就是“只要一点一点地坚持肯定会有成果”。收拾东西不厌烦且能马上做好的孩子在学习的时候也能按照自己的步调安排好一切。可见，收拾东西的习惯有助于孩子学习能力的提高。

后面第16页介绍的“通过整理掌握的三种能力”可以直接应用到学习中。尤其在孩子的学习没有进步的时候，您是不是可以让孩子从整理收纳开始培养自己的学习习惯呢？

第二章

培养孩子收纳习惯的重要价值

1

为什么说让孩子养成良好的收纳习惯非常重要

增加未来的选择机会

让孩子接触更多的事物可以增加孩子对未来的选择机会，丰富孩子的人生。但是如果家里到处都是东西，新的信息和知识就无法进入了，甚至要用到的东西都没有足够的空间来发挥作用了。

把家里收拾一下，就可以腾出新的空间，这样孩子的才能和可能性才有机会进一步挖掘，“机会”才能降临。

不管是玩耍还是学习都需要空间

机会有很多种，其中一种就是和新事物接触的机会，比如，有空余格子的书架随时都可以放入新书。孩子周围有足够的空间，就可以每天接触很多新东西，来拓展自己的兴趣。

学习画画、做手工等培养孩子创造性的游戏都需要空间。尤其是学习，如果书桌周围收拾得很干净，孩子更容易集中精神，学习效率也高。孩子如果能发现自己感兴趣的事物或者擅长的事情，很可能会被发掘出意想不到的才能。

空出来的空间可以放新的东西

有空间的书架

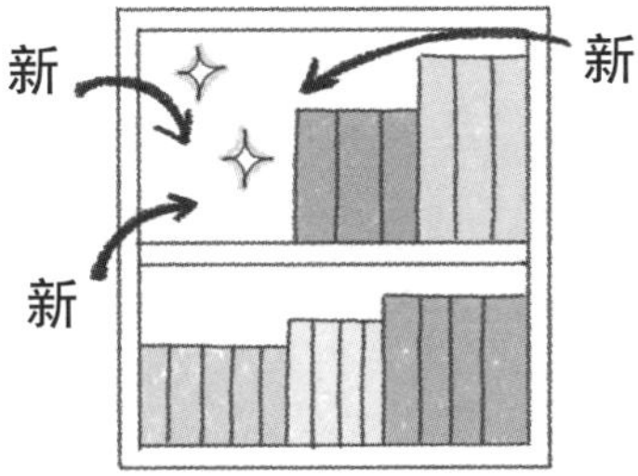

经常保持书架有一定的空间

随时都能放入新书（=新知识）

这样就有机会接触各种各样的新书了

没有空间的书架

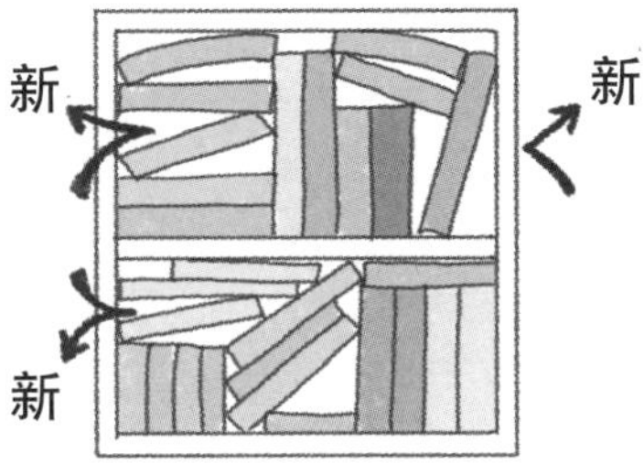

书架里已经塞满了书，没有空间了

新书（=新知识）放不进去了……

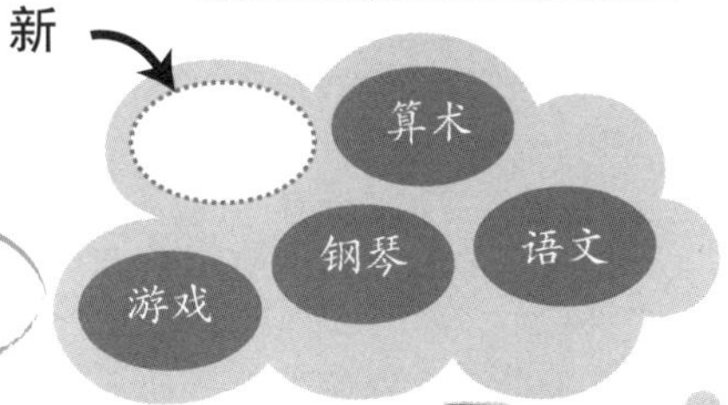

孩子的兴趣会越来越广泛

通过收拾东西，从小培养孩子关心周围事物的性格

培养孩子关心周围事物的性格

收拾东西还能促进孩子的成长，比如，通过收拾东西孩子可以亲身体会应该如何与周围的事物相处。

如果孩子养成了收拾东西的习惯，在放东西时就能想到下一步：放在这里有可能会被踩到。由此，孩子可以养成替他人着想的习惯。最开始他会考虑和自己相关的事情，慢慢地就会想到家人和朋友等周围人的事情，这种习惯逐渐就会延伸成为对他人的关怀和体贴。

收拾东西的习惯能够培养孩子“解决问题的能力”

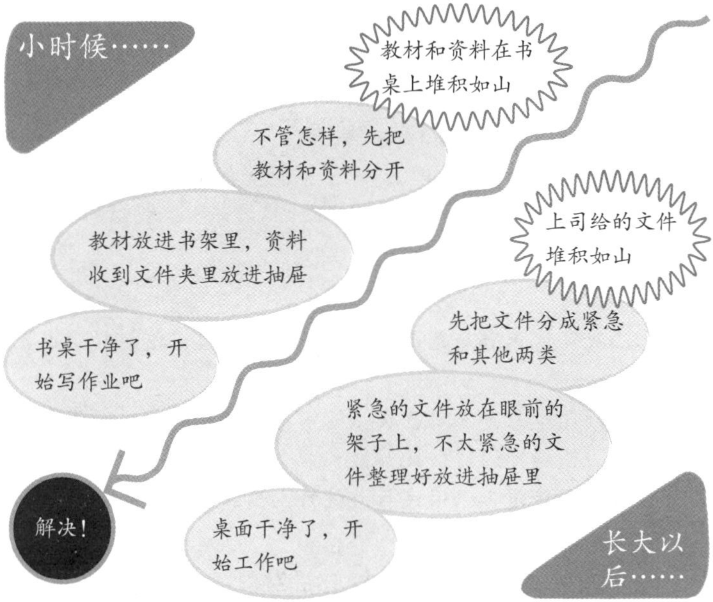

管理玩具的习惯会影响将来的工作习惯

新事物走进你的生活，你就要决定把它安置在哪里，这也是解决问题的一种能力。将来在学习或工作上遇到什么问题时，孩子就可能以这种解决问题的能力为基础，来考虑恰当的处理方法。

另外，很多人应该都有过找不到东西着急、翻遍了整个屋子、累得筋疲力尽的经历。如果小时候就能养成收拾东西的习惯，以后长大了也就不会因找不到东西而烦恼。家长也应该趁孩子还小的时候就培养其收拾东西的意识。

2

通过学习收纳可以让孩子掌握三种重要能力

越过“墙壁”，养成习惯

无法决定优先顺序就很难决定马上做什么，这样精力也无法集中……

这种问题是每个人都会在生活中撞到的“墙”。孩子会经常在学习方面遇到障碍，比如做作业、上课和升学考试等。

但是这面墙是可以通过养成收拾东西的习惯来跨越的。

收拾东西是一种练习，能够提高学习能力

通过收拾东西的练习可以掌握三种能力。

第一种是“选择取舍的能力”，即判断“需要不需要”，给事物安排优先顺序。这种能力可以通过分辨是否需要某个东西、处理东西来重复练习。

第二种是“马上处理事物的能力”，这种能力能预防拖延症，也是收拾东西的精华所在。拿出来的东西用完就收起来，可以让孩子养成立刻处理事物的习惯。

第三种是“集中并坚持的能力”，即坚持不懈的能力。集中力和持续力都会在很大程度上受到环境的影响，收拾东西可以通过创造环境来锻炼孩子的这种能力。

判断需不需要的“选择取舍能力”

学会扔东西

=

掌握选择取舍的能力

选择需要的东西

=

能判断“现在应该做的事情”是什么

很明确事情优先度的标准，可以判断事情的重要度，知道哪件事情最重要，哪件事情排第二。

↓

能够决定优先顺序

做事得要领

能够区分轻重缓急

选择不需要的东西

=

不拖延、迅速做决定

培养判断事物的能力。在遇到失败、想不出问题答案的时候，能够不拖延，迅速切换思维，继续向前。

↓

切换迅速

积极主动

不会拖延

预防拖延症的“马上处理事物的能力”

每天坚持“拿出来的东西用完就收起来”

开始长出“整理神经”

“整理神经”就是收拾东西的意识。“整理神经”可以通过不断重复“拿出来的东西用完就收起来”的基本动作来锻炼。

立刻处理事情也没那么痛苦了

渐渐地孩子能立刻自觉地把拿出来的东西放回去了。开始时孩子还会觉得麻烦，但不久就会觉得做起来很轻松了。

可以在日常生活中发挥“马上处理事情的能力”

把马上处理事情作为一种习惯。除了收拾东西，这种能力还会体现在回到家马上做作业、别人托付的事情马上办等方面。

坚持不懈的“集中注意力”

例如

· 漫画书随便放
· 不用的教材和资料打开放着不收

NG

看到的东西会吸引孩子的注意力

学习用具之外的东西进入视线，自然会分散孩子的注意力。这样孩子就会难以集中精神，做什么也坚持不了很久。

例如

· 不学习的时候书桌上什么都不能放
· 学习的时候，桌上只放和科目有关的用具
· 用具用完后马上放回书架或者抽屉里

OK

让孩子能够集中精力坚持做完一件事

书桌上不放没用的东西，孩子就能集中精力做眼前的习题了。这样学习自然很有进展，学习的欲望也会日益增强。

3

通过学习收纳，孩子能提高学习能力，大人能提高工作能力

收拾好东西，生活也变得有规律

家里到处都是东西，人的“能量”也会被夺走。一会儿东西不见了，一会儿想用的东西找不到了，地上散放着东西收拾不过来……小小的压力不断地累积，家里的气氛也变得很紧张。

孩子尤其容易受到家庭环境的影响。家里到处都是东西，孩子也很难心无杂念，很可能会导致孩子以后无法集中精神，无法迅速切换思路。

整理收纳在这里就能发挥作用了。收拾东西有打破紧张气氛的“重置”功能。整理好东西，生活也变得有规律，可以培养孩子的干劲儿。

环境的“重置”可以产生新的能量

比如在晚上睡觉之前让孩子收拾书桌。尽可能保持桌面上什么都没有，处于“零的状态”。这样第二天孩子坐在收拾好的书桌前头脑会异常清醒，也能以全新的心情开始学习。

环境整洁，孩子的学习动力就能提高，甚至不爱学习的孩子也会在环境的驱使下自主地坐到书桌前学习。

大脑也会随着收拾东西的进程得到整理

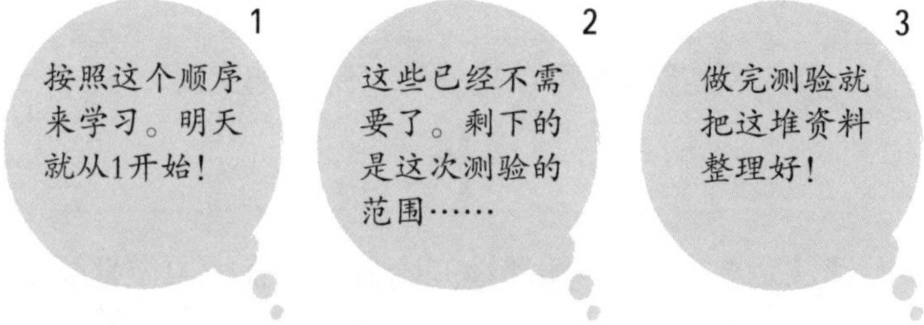

需要不需要

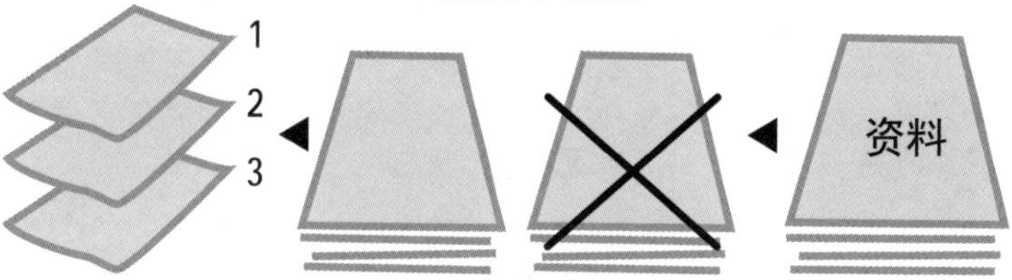

明确应该做的事。想清楚学习的方法和顺序。

一边在大脑里整理什么时候要做什么测验，一边把资料分成需要的和不需要的两类。

整理上课用的资料，分类的标准是“这次测验是否要用”。

养成反复尝试的习惯

可以通过收拾东西来培养孩子规划和反复尝试的习惯。收拾东西需要一边考虑效率一边整理，安排什么东西应该放在哪里，放在哪里更方便，需要决定如何收纳和配置。

这和学习中使用大脑的方法很相似。例如在做测验时最重要的就是要思考，从哪道题开始做可以在规定的时间内做完，用哪个公式能顺利地得出答案。

收拾东西有助于培养学习能力。

掌握了收拾东西的要领，孩子的学习效率也会提高!

收拾东西可以确保有“空闲的空间”

＋

迅速决定要做的事情

可以想好明确的目标并去做，例如“在10分钟之内完成汉字练习”。

顺利地开始做

坐在书桌前不会长时间地出现大脑空白，可以迅速切换大脑进入学习状态。

在哪里做都能集中精力

不管是在安静的地方还是嘈杂的地方都能集中精力安心学习。

＝

短时间内也可以有效的学习=提高成绩!

还可以期待以下的效果

不会忘东西

整理好要用的东西，第二天就不会把需要的东西忘在家了。

上课也能精力集中

不但在家里，在学校也能集中精力学习。

减轻对学习的痛苦意识

养成马上做的习惯，就会减轻“学习=麻烦”的意识。

家长的家务和工作也会进展得很顺利

和孩子一起收拾家

↓

开始意识到哪里没有收拾好

↓

自然就会想：“明天我来收拾这里吧！”

孩子会很自然地注意到之前没看到的脏乱地方，即使没有“必须要整理”的意识，也会去做。

→

收拾东西会变成习惯

↓

家务和工作也会进展得很顺利

收拾好东西就能顺利安排一天的计划了，比如“几点前买好东西，收拾好房间之后准备晚饭……”

还可以期待以下的效果

扫除也变得轻松了

东西少了之后，打扫地板、擦架子的时候也不用把东西一个一个挪来挪去了。

做饭也变成了一件快乐的事

收拾好了厨房和冰箱，用起来就方便多了，做饭的时候也会很有兴致。

4

家里有整洁的环境，孩子的潜能才有发挥空间

在可以安心的地方学习也会很快乐

学习和玩儿都需要空间，而且这个空间还必须是家长可以在旁边看着的地方。

有家长在旁边看着，孩子会觉得很安心，不管是学习还是玩儿都能很尽兴。我听说“东京大学的学生一般小的时候都在家里人活动的客厅和餐厅学习”，可能就是由于这个原因。“爱学习的孩子”就是家里有能够安心做事的场所的孩子。

同样是1个小时，学习的质量会有差别

我觉得中小学阶段的孩子都希望和父母待在一起，待在经常能看到父母的地方会给孩子带来最大的安全感。

例如在客厅和家人一起度过1个小时，可以一边对家人说：“我现在正在学习这个，你看！”或者一个人在自己屋里独自学习1个小时，心里想着：“大家都高高兴兴地在看电视，为什么只有我自己在学习？”同样是1个小时，孩子的学习质量和成绩会有很大差别。

推动孩子成长的是“安全感”

我在家的时候爸妈总是看着我

满足孩子希望别人看着自己学习的欲望

孩子都希望父母看着自己做事情，希望得到夸奖。父母看着他，他会更有动力。

&

感觉安心，就算遇到未知的事物也会去尝试

就算自己没那么大勇气，但有父母在旁边看着，孩子也会安心地去尝试新事物。相反，如果总没有父母看着，孩子就只会做自己熟悉的事物了。

不知道的事情也会主动去做的上进心慢慢生根发芽

有了学习的欲望

创造和孩子在一起的“工作空间”

房间里要是有空间的话可以放一个专用桌

如果放得下，可以买一个新桌子。因为是专用的，即使有点儿脏也不用太介意。如果没有可长期放置的空间，可以买一个折叠式的。

客厅或餐厅桌子的一角

如果家里没有足够的空间，可以使用客厅或餐厅桌子的一角。但一定要注意，要明确规定好整理的规矩，不能放得乱七八糟的。

给孩子带来的积极变化

增进父母和孩子之间的交流

在杂乱的地方也能集中精力

对工作产生兴趣

掌握获取必要信息的能力

在“工作空间”学习

工作空间就是家里人一起学习、工作的场所。对孩子来说，工作空间也是让父母看到自己学习的努力和窥探父母工作的“大人世界”的机会。

事实上我还听说过，有一个家庭就在客厅附近弄了一个工作空间，孩子在那里听到父母和他们的朋友谈论工作的事，慢慢地自己也找到了未来的梦想，开始对人生有所规划了。而且，让孩子养成在有人的地方还能集中精神的习惯，对学习是非常有帮助的。

创造工作空间的要点

确保收纳空间

在工作空间附近放一个收纳柜。自己的物品要拿回自己房间，但每天都要用的东西就可以放在收纳柜里。

矮桌、高桌都OK

桌子的形状、高度、颜色等都可随意选择。按照家里的氛围搭配，矮桌、高桌都可以。

要能相对而坐

在工作空间里大家要能看着对方的脸说话，这样也可以增加家人之间交流的机会。

事先决定好用后收拾的规则

橡皮屑等垃圾一定要收拾干净

学习和工作的时候工作空间怎么乱都OK，但结束之后一定要把垃圾收拾干净。尤其是餐厅的餐桌，还有其他用途，一定不要忘了收拾。

拿过来的东西都要放回去

乱的原因就是没收起来，想着明天还要用，索性放着不管。一定要把东西放回原来的地方，例如收纳柜和自己的房间，最后要让工作空间什么多余的东西都没有。

教孩子毫无压力地“拿出来、收回去”

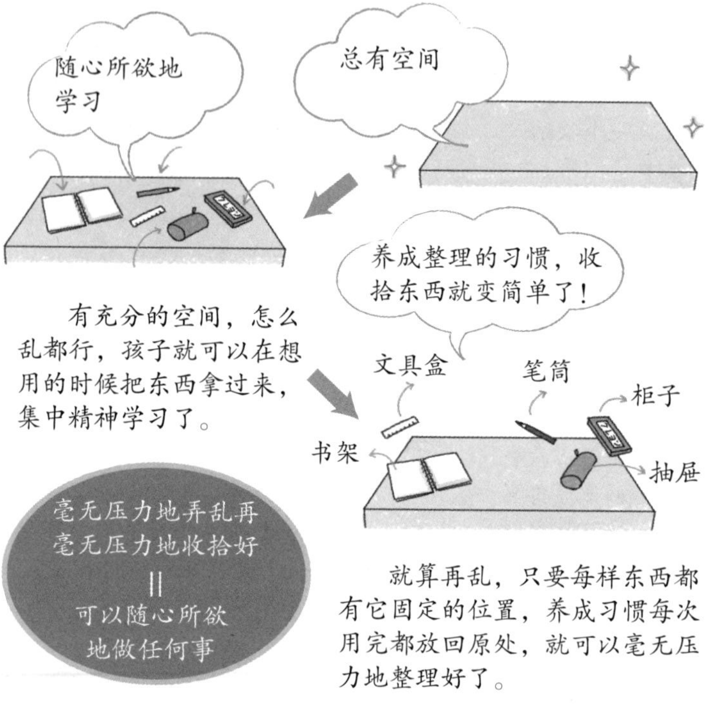

孩子的空间让孩子来收拾

给孩子自由使用的空间，同时也意味着让他们承担相应的“责任”。如果孩子拿出来的东西都让家长收拾了，孩子就很难有责任感，他会慢慢变成一个随意而又没责任感的人。

自己做的事情自己负责，这是社会的准则。父母一定要耐心地告诉孩子：“这里你可以自由地使用，但之后要自己收拾好。”只要耐心地教导，他们一定会慢慢理解的。

孩子的房间是“自由”和“责任”并存的空间

整理和收纳的技能会变成管理能力

管理好自己周边事物的能力会变成管理能力，将来工作的时候就能管理好工作上的人和事。

培养孩子掌握空间的能力

孩子会在自己的房间或空间里拿东西、收东西、自己装饰。自由使用房间（空间）有助于培养能够提高体育素质和算术能力的“空间掌握能力”。

自己掌控自己的房间

增加责任感

给予孩子自由使用的场所，孩子可以学到“得到自由就要担负起对应的责任”这个社会准则。

掌握基本的领导能力

管理以自己为中心的房间，可以率先拥有领导能力，是今后处理事物的先行练习。

让孩子在自己的房间培养整理和室内装饰的构思能力

也有孩子喜欢一个人学习。虽说让他们在自己喜欢的地方学习是最好的，但如果孩子因此变得在人多的地方无法集中注意力，以后考试或在公司工作的时候就会不适应。

而且，孩子的房间一般就是孩子的寝室，还兼具促进孩子独立的作用。它也是孩子学习整理收纳、掌握让房间看起来漂亮的室内装饰构思能力的重要场所，只用于学习就太浪费了。

学习可以尽量在工作空间等有家人的地方完成，效果会更理想。

5

在整洁有序的环境里培育孩子

了解房间和空间的作用

每个房间都有不同的作用。例如，客厅对孩子来说是体验小“社会”的场所。在这里孩子会学习如何与年龄差别大的人（父母、祖父母）、年龄差别小的人（兄弟姐妹）相处。

餐厅是孩子和亲近的人一起吃饭、交流的场所，和成人的酒桌很相似，餐厅也是家人一起度过愉快的团圆时光的场所。

对孩子来说，家里有很多培养能力的机会，也是加深孩子和社会、家庭联系的场所。

东西多了，房间就发挥不了应有的作用了

虽说家里的环境会给孩子带来积极的影响，但如果房间很乱，那些积极的效果就发挥不了作用了。要是客厅沙发上堆满了东西，客厅餐桌也是乱七八糟的，家里人就没办法聚集在一起了。

收拾整理是为了房间能够百分百地发挥它本来的作用。整理好房间，孩子就可以毫无压力、轻松愉快地成长，还能不断被发掘出更多的才能。

客厅是孩子感受社会的场所

通过看电视了解社会观点和学习思考方式

看电视时孩子可以和父母一起讨论电视的内容。这个习惯是孩子学习政治课的基础，这样孩子长大了也更容易有自己的主张。

掌握审时度势的能力

孩子在和父母交流的过程中需要听、说，可以锻炼孩子的交流能力。

客厅是家里最容易和孩子交流的场所

对孩子来说，客厅是让父母听自己说话的地方。父母会通过对话了解孩子每天都在想些什么，还会反过来问孩子一些问题。

要是客厅里乱七八糟的会怎样呢？孩子习惯了乱七八糟的环境，就不会收拾东西了。而且家里人聚集的场所是孩子学习的最好场所，客厅乱，这个场所就无法保证了。

收拾好客厅非常重要，因为有了整洁的客厅，父母和孩子就有机会交流，还能培养孩子收拾东西和自主学习的习惯。

餐厅是全家一起享受美食的场所

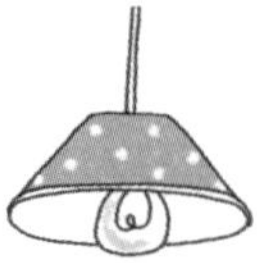

一边吃饭一边聊当天发生的事儿

吃饭的时间就是孩子跟家长说今天发生了什么事的时间，比如“我在学校做了××”“小测验我考了100分”等。家长应该体会孩子的心情，听孩子说话，夸夸孩子的努力。

对孩子很小的变化也能有所察觉

面对面吃饭可以观察出孩子小小的变化，比如“今天孩子没什么精神”“是不是学校里发生了什么事情啊”。

围着饭桌一家团圆

在我以前指导过的家庭里发生过这样的事。

那一家有五位家庭成员，但他们家的餐厅里太乱了，全家没办法坐到一起吃饭。吃饭的时候大家要轮流吃。我提议他们每天就花15分钟来收拾东西，而且要每天坚持。几天之后他们就能五个人坐在一起吃饭了。

被迫停止的亲子之间的对话又恢复了，饭也觉得异常的好吃。收拾好了之后，餐厅又恢复了活力，继续发挥它团圆一家人的作用。

厨房是学习如何帮助妈妈整理冰箱和餐具的地方

让孩子给妈妈帮忙

厨房是让孩子学会帮忙做家务最合适的地方，妈妈可以让孩子洗菜、擦盘子等。

还可以学习如何整理冰箱和橱柜

孩子看到整理好的冰箱和橱柜，就知道什么东西应该放回到哪里，还有餐具应该如何收拾。

厨房乱，饭也吃不好

厨房是关系到家人健康状况的重要场所。如果冰箱和灶台很乱，就会有卫生隐患，这会给家人的身体带来不好的影响。

为了贪玩儿的孩子的身体着想，厨房必须发挥应有的作用。家长应该保持厨房的干净、整洁，给孩子做好吃的料理。

而且整齐的地方是很难被弄乱的，把厨房收拾好可以防止孩子淘气。家长要注意收好东西，防止孩子受伤。

盥洗室等有水的地方是学习为别人着想的场所

培养孩子为下一个使用的人着想的习惯

洗完手之后用抹布擦干水槽，让孩子养成为下一个使用的人着想的习惯。

让孩子记住使用公共厕所的礼节

注意家里盥洗室和厕所的卫生，可以让孩子学到在学校或者商店等公共场所使用厕所的礼节。

让孩子对“杂乱”有意识

盥洗室和厕所是很容易被弄脏的地方，用过之后要恢复成原来的模样，彻底地打扫干净。

经常收拾盥洗室和厕所，可以让孩子对“杂乱”有意识，还能培养孩子对变化的敏感度，比如孩子会意识到香皂马上要没了。这样可以培养为他人着想的性格，还会减少学习中的失误。

相反，如果盥洗室和厕所总是处于杂乱的状态，孩子慢慢适应了这种状态，就会对脏乱视而不见，不管不顾了。

门口是养成“整理习惯”的第一个场所

每次出入家门都会把整洁的状态留在脑海里

每天都看到整洁的状态，孩子慢慢地就会觉得整洁的家让人心情很好。

摆好鞋子可以培养整理的习惯

整理就是把东西重新放在正确的地方。每天反复整理鞋子可以培养整理的习惯。

门口是一家的颜面，整理门口可以整理心情

每次出入都会对门口留有印象，它是家的“颜面”。人们都说门口是连接家内外的地方，运气也会在此出入。

孩子每天从学校回来本来就已经筋疲力尽了，打开家门的瞬间，看到乱七八糟的门口，可能会觉得更累。相反，如果门口收拾得非常整洁，孩子就可以重整心情，轻松平静下来。

而且门口整洁，孩子去上学的时候也能有一个好心情，上课时也会很有精神。

特别收录 收拾房间时需要参考风水吗?

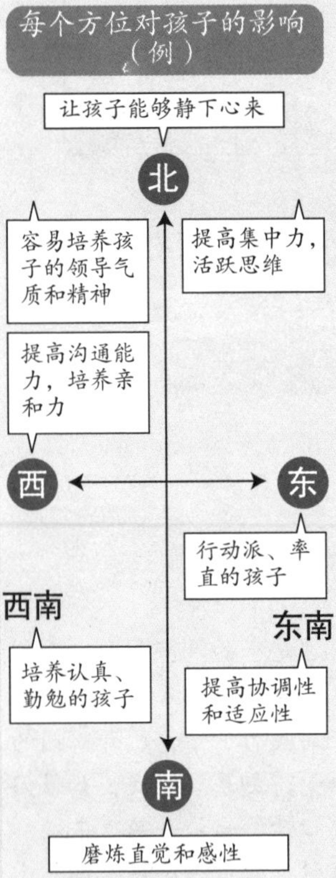

风水是统计学，最多也就是参考而已

风水是通过了解房间布局对人产生的影响，进而从中总结出来的结论，属于统计学。并不存在哪个方位好，哪个方位不好。每个方位都有它的优点。

例如对坐不住的孩子，可以把书桌放在从家的中心看朝北或朝西南方向的屋子里，据说这样可以提高孩子的注意力。相反，对比较消极的孩子，就可以利用朝东或者朝东南的房间，可以让孩子更活泼。

把家里的空间利用好，可以提高孩子的学习动力。风水只是手段之一，只能作为参考。

第三章

培养孩子收纳习惯的诀窍

1

整理到底要做些什么呢

整理的基本是整理和整顿，重新布置房间

在教孩子之前，每位家长都要先了解如何收拾东西。

收拾东西的基本步骤是整理和整顿。整理是减少东西，整顿是重新布置东西的位置，使其更加便于使用。通过这两方面来重新布置房间，是收拾东西的第一步。

学会整理整顿就是学会按照目的将环境布置到最好。善于学习的孩子能够在学习必需的最小空间里把东西布置得最便于使用。

重新布置好才是真正的开始！

重新布置好房间并不是整理的终点，如何保持住整理好的状态才更重要。

假设你已经收拾好桌面上的东西了，可是孩子又把没读完的漫画、学习用具往桌上一扔，整洁的桌面瞬间就会变乱。

要想保持住整洁的状态，必须养成用完东西马上放回去的习惯。漫画书要放回书架，学习用具要收进书桌的抽屉里，每个小小的习惯都要慢慢养成。

整理主要分两类

扔掉不需要的东西，确定需要的东西应该放在哪儿

判断是否需要之后，把不需要的东西扔掉，再确定留下来的东西应该放在哪儿。根据使用目的，把自己的房间布置到最好。

创造东西和空间便于使的“环境”

反复重复“用完就收好”的动作，养成整理的习惯

要保持房间整洁的状态，就要彻底养成“用完就收好”“把东西放回原处”的习惯。每天坚持这样做，慢慢地不用提醒自己就也能做到了。

养成不乱放的习惯

每天一点一点坚持重新整理房间、养成习惯

如果你连续收拾好几个小时，收拾完会累得精疲力竭，这种整理房间的方法会给孩子留下“整理很痛苦”的印象。

要让孩子一下子养成保持所有东西整洁的习惯，会使孩子有挫折感。孩子会想着这也要做、那也要做，马上就会觉得很困难，坚持不下去了。

重新整理房间，每次只要15分钟就OK，习惯也可以一个一个养成。在不断坚持的过程中孩子可以掌握学习所需要的持久力。

养成习惯的4个步骤

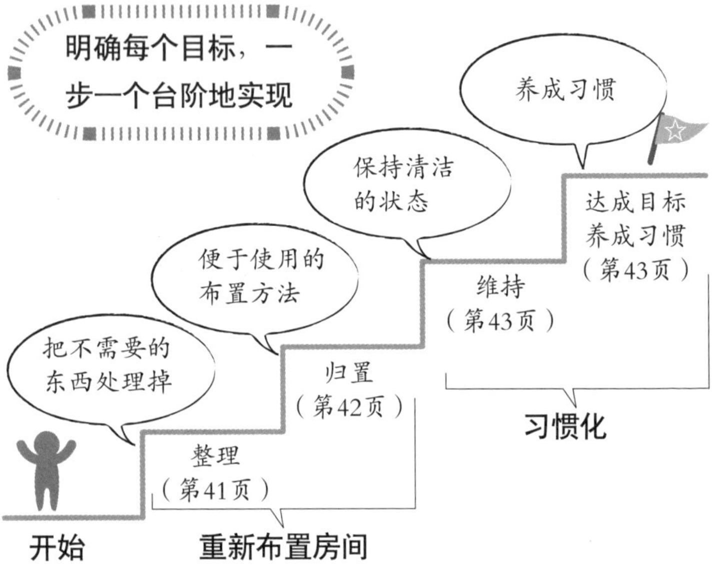

先从“整理”开始

如上图，整理可以分为4个步骤。

第1个步骤“整理”分为“拿出来”“分分类”“减减负”“收起来”4步（请参考41页）。这样可以用最短的时间和最少的劳动量把房间重新整理好。很多人都会在“减减负”这一步踌躇不前，但要想整理好房间就必须减少东西。您要鼓起勇气、下决心处理掉不需要的东西。

区分需要和不需要的东西可以培养孩子的“取舍选择能力”。迅速决定今天要做的事和不做的事，有助于孩子提高学习的效率。

“整理”要做的4步

第1步　把所有的东西都拿出来放到一个地方

这个步骤是为了掌握自己都有什么东西。划分出区域，只把15分钟之内能收拾好的东西拿出来。

例
- 只收拾桌子的右半边
- 只收拾架子的一个角落
- 只收拾抽屉的一层

第2步　把需要和不需要的东西分开

把拿出来的东西分成需要和不需要两类。分类的基准就是“现在是否需要”。无法判断的时候可以把东西暂时保留，一段时间之后再做决定。

例
- 现在是否使用
- 现在还喜不喜欢
- 现在还穿不穿等

第3步　扔掉不需要的东西

把不需要的东西扔掉。要以扔掉20%为目标，不仅要扔，还可以根据自己的情况把东西送给别人或者卖掉。

例
- 作为垃圾扔掉
- 送到回收处
- 到二手市场卖掉

第4步　把东西放回到原来的地方

把决定留下来的东西放回到原来的地方。整顿可以之后再做，这个步骤只是把东西放回去。

东西的量会剧减！

“归置”的时候要考虑行动路线

要点1 放在经常使用的场所

要把东西放在最经常使用的地方。放在不好拿的地方，放回去也很麻烦，是不行的。

例
- 遥控器要放在桌子上
- 记事本要放在电话旁边

家门钥匙可以固定放在鞋柜上面

餐具要分类收好，同时可以分成前后两列摆在架子里。

要点2 使用频率高的东西要放在手边

在有深度的收纳空间，要把经常使用的东西放在外面，而不太使用的东西放在里面。

例
- 应季的衣服要放在外面
- 每天使用的文具要放在外面

把东西放在便于使用的地方

不固定每个东西的位置而随便乱放，不久就会出现找不到东西的情况。所以我们需要“归置”这个步骤。整理好之后，我们要把东西放在便于使用的位置。

归置的要点是要考虑“什么时间，在哪里，谁会用这个东西”。在上一章里曾经提到过，这个步骤可以培养孩子体贴他人的性格和预测未来的能力，能促进孩子的成长。

这个步骤还可以让孩子思考如何高效地做事，培养他们对事物的观察能力。有助于孩子掌握学习的要领，而且对提高成绩也有积极的效果。

找到散乱的根本原因，保持清洁、养成习惯

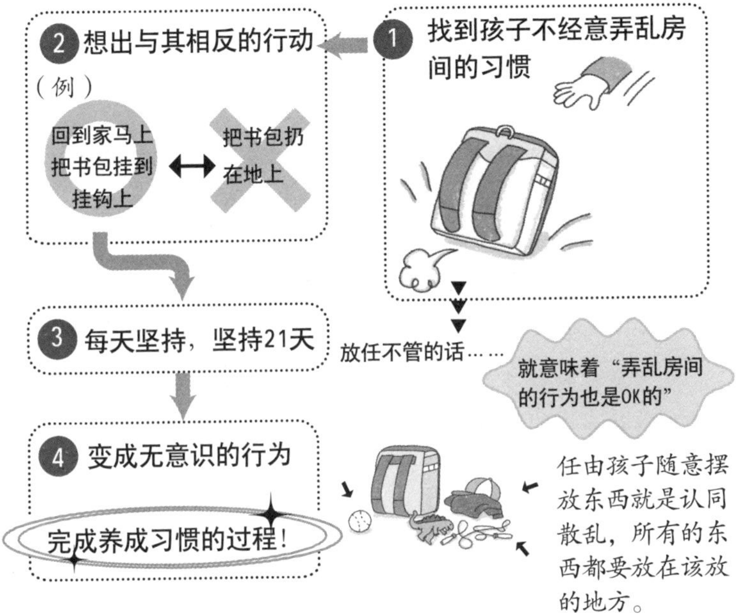

连续21天，坚持“用过的东西就收好”

归置好了之后，就要养成“用过的东西马上放回原处”的习惯。

从脑科学的角度来说，连续坚持21天就能养成习惯。例如，每天都坚持回到家马上把书包挂在挂钩上，不知不觉就会养成习惯了。

收拾干净后马上又乱了，很可能是出现了上图所示的情况。家长和孩子都要重新审视自己无意识的行为（详细内容请参考第52页）。

2

为什么孩子不爱收拾东西

因为孩子不知道收拾东西的方法和意义

几乎所有的孩子都不知道收拾东西的方法和意义，这是孩子不爱收拾东西的最根本原因。对不懂方法和感觉不到必要性的事情，每个人都不会想要去做。

家长的影响非常大

不知大家是否知道，在父母不收拾东西的家庭长大的孩子也不会收拾东西，那是因为孩子没有榜样。学校是不会教孩子收拾东西的。如果家里总是乱七八糟的，孩子也会把这种状态当成是常态。

那在家长整理习惯很好的家庭又如何呢？

有这样一个故事。我以前指导整理时认识一位女士，每天早上都会在做家务和去工作之前先整理房间。她日复一日地每天早起收拾东西，有一天睡过头没起来。她的孩子叫醒她："妈妈，今天不收拾房间吗？"之后还帮妈妈一起收拾。

家长就是孩子的榜样，家长首先要让孩子看到自己收拾东西的行动，这一点非常重要。

孩子不爱收拾东西是因为不知道需要收拾的原因

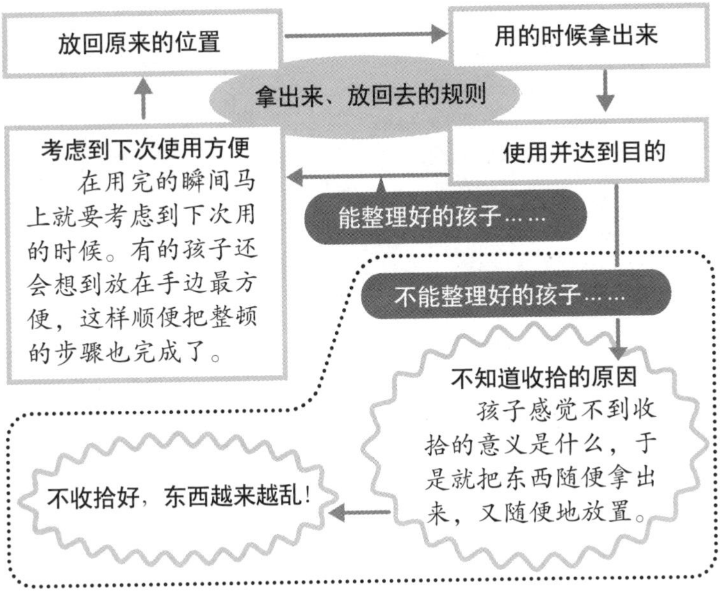

告诉孩子收拾东西的动机

在教孩子如何收拾东西的时候，很有必要告诉他们为了什么收拾东西，这个理由必须是孩子能接受的。

我以前当过某电视节目的嘉宾，一位家长在该节目里说过的一段话给我留下了非常深刻的印象。他说他在教孩子收拾东西的时候会告诉孩子为下次再玩儿做准备，孩子听说是为了下次玩儿做准备，自然就会觉得收拾东西很有必要了，也就会主动收拾东西。

家长要帮助孩子认识到收拾东西的意义。

看不到过程就学不会整理

在收纳前和收纳后该做的事

★收拾好乱放的东西
★扔掉不需要的东西
★归置以便于使用

收纳前

玩具都混在一起放着

收纳后

所有玩具都处于整齐的状态

不理解其中的意义就不会收拾东西

越来越觉得自己不会收拾

让孩子做他不会做的事情会让孩子很无助，这样孩子会觉得自己越来越不会收拾东西了。

命令孩子去整理，孩子也不知道怎么做

你是不是经常命令孩子赶快收拾东西？只是命令，孩子是理解不了的。因为孩子不知道什么是“收拾东西”，也不知道该怎么做。

人看不到做事的过程是学不会的。在学习中也一样，突然遇到新问题时，只把答案告诉你而不告诉你解题方法，你还是不知道怎样才能把题解开。收拾东西也是同样的道理。

你要告诉孩子具体的收拾方法，让他亲眼看到什么东西要放回箱子，什么东西要扔掉。

对孩子发火，孩子会更加讨厌收拾东西

对孩子发脾气只会起到相反的效果

我以前指导过的一个人，小时候家长说如果他不收拾好衣服就把衣服扔掉，结果家长真的把衣服扔掉了。从那以后他一直都会好好收拾东西。但不久他开始一个人生活之后就再也坚持不住了，屋子里的东西都是到处乱放。

家长总是对孩子发怒的话，孩子就会觉得收拾东西是件很让人讨厌的事。现在正是为了让孩子将来能够生活自理而进行准备的阶段，也是让孩子掌握学习能力的重要阶段，家长要从孩子成长的角度考虑。

3

好的习惯从“收拾东西”开始培养

孩子收拾的习惯都是从小小的“0”开始的

在第40页中我们介绍了收拾东西是按照“整理→归置→维持→养成习惯”的基本顺序进行的，但是孩子收拾东西的顺序是相反的。

因为对小孩来说判断“需要不需要”“分类”“扔掉”的难度太大了。

我们可以先从让孩子把用过的东西放回原位开始。可以先在很小的范围内练习，一点一点地扩大到什么都收好、范围更大的场所，规定好东西放置的地方，完成归置的步骤。这样房间就可以一点一点地都收拾好了。

重新布置房间的步骤可以安排在暑假等休假期间

我建议把清理东西、重新整理房间的工作放在学期或学年更替的时候做。尤其是书桌周边，通过重新布置，可以大大节省以后收拾的时间。在保持整洁的书桌上学习也会提高学习的效率。

家长可以通过提问的方式，比如问孩子“这个还用不用了”，来完成“分类”和“扔掉”的步骤，而且家长如果夸奖孩子“某某学期（或者某某学年）表现很出色”，会提高孩子整理和学习的心气。

孩子和大人收拾东西的顺序正好相反

大人

1 扔掉很多东西

把不需要的东西彻底处理掉。减少东西的总量，增加空余空间来容纳新事物。

2 把东西放在易于使用的地方

考虑移动路线和使用频率来确定固定位置。收东西的时候要预留20%的空间。

3 保持整洁

房间整理成最易于自己使用的状态之后重复“从哪里拿出来放回哪里去”的动作，不让房间再凌乱。

整理 · **归置** · **维持和养成习惯**

孩子

1 养成“从哪里拿出来放回哪里去”的习惯

从事后整理开始，养成“把用过的东西放回原位”的习惯，慢慢地增加整理好的空间。

2 决定好每样东西的“家”

让孩子思考放在哪里最便于使用，之后确定东西应该放在哪里。家长可以提示孩子，问“放在这里怎么样”等。

3 每学期、每学年重新布置房间

学期或学年更替的时候都会增加很多东西，可以在这时重新布置房间。每年进行2~3次就可以了。

告诉孩子“现在收拾干净以后就轻松了”

对懂道理的孩子要耐心地教

到了小学二年级，孩子考虑事物时就懂道理了。在需要整理的地方，要给孩子做示范，让孩子明白“现在收拾干净以后就轻松了”，要有耐心，还要让孩子能够理解。孩子体验过“收拾东西的好处（以后轻松）”之后，自然会对收拾东西更用心了。

孩子到了更高学年之后，家长还可以告诉他“收拾好了可以更加集中精神学习”，这样可以很好地帮助学习成绩总也提高不上去的孩子。

“现场”教育很有效果

丢东西的时候

丢了重要的东西对孩子来说是非常大的打击。这时要告诉孩子：“以后一定要确定好每样东西的‘家’，用过之后就放回去。”

事后批评孩子“我不是告诉过你嘛”是不合适的。

忘记东西的时候

对经常忘东西的孩子要问问：“今天是不是又忘东西了？”在听了孩子叙述经过之后要告诉他，做到“拿出来，放回去”就不会再为了忘记东西而烦恼了。

给别人造成麻烦的时候

忘记东西跟别人借，结果把借的东西又弄丢时，孩子肯定会觉得很不好意思。正好可以借这个机会告诉孩子“用过之后再放回原位就不会出现这种情况了”。

要让小孩模仿家长

即将上小学或刚上小学的孩子还无法从道理上理解事物，他们还处于模仿家长和周围人的阶段。

收拾东西、归置、整理，家长都要和孩子一起做。推荐家长增加一些视觉上的区分便于孩子记忆，例如把收纳场所用颜色分类，或者做一些记号。

孩子一定会记得家长重复教他的事情。家长不要因为孩子太小就放弃给孩子讲道理，要让孩子模仿，同时还要有耐心地给孩子讲道理。

4

让孩子21天坚持收纳整理的诀窍

每次只做一件非常简单的事就OK

要想让孩子养成用过之后就收好的习惯，需要把对孩子的要求降低。

把孩子做的事情一一列出来，就能一目了然地知道孩子目前都有什么散漫的毛病，要改掉这些毛病应该怎么办。有的孩子会同时有很多毛病，例如“不把书包拿回自己的房间”“书拿出来就放着不管”“衣服脱了随便扔”。对这样的孩子要先教会他“回到家就马上把书包拿到自己的房间”。同时纠正几个毛病肯定会失败的，先选出一个最有可能实施的事项，坚持21天，让孩子养成习惯。

家庭全员共同参与整理训练

家庭成员要一起收拾东西。孩子一个人收拾东西，中途就会觉得很寂寞，坚持不下去。可以把要收拾的东西一项一项地列成一个清单，每天检查。

每天坚持检查还有培养持续力的效果，有利于培养孩子日后循序渐进学习的能力。

先找出孩子不经意弄乱房间的习惯

1 把1张纸对折

便笺或广告背面都可以

2 把“明知道不对却做了”的事项写在纸的左边

· 把漫画书放在地板上
· 杯子随便放

把能想到的“不经意弄乱房间的习惯”都写出来

3 把和2相反的行动写在纸的右边

· 读完的漫画书马上放回书架
· 喝完东西5分钟之内把杯子放到水槽里

尽量具体地写出“真正应该做的”行动

4 选出一件很容易就能改正的毛病

读完的漫画书马上放回书架

从纸的右边选出一个你觉得“标准有点儿太低了”的行为

让孩子每天实行！

检查孩子是否每天都能坚持。（参考本书第54页）

家庭全体成员共同检查“相反的行动”

明确每天检查的时间

不明确检查的时间就很难养成习惯，进而产生挫折感。

写上日期，天天检查

“每天检查”本身也可以培养孩子坚持做一件事的能力。

	事项	1.5	1.6	1.7	1.8	1.25	奖励
爸爸	读完报纸马上放回杂志架	○	×	×	○		一天不禁酒
妈妈	吃完饭30分钟之内洗好碗	○	○	○	○		吃××餐厅的午餐
哥哥	回来马上把包挂到书桌的挂钩上	○	○	○	×		去看棒球比赛
妹妹	用完的蜡笔全都放回箱子里	○	×	○	○		吃喜欢的零食

没达到一定数量还有“惩罚”！

为了达到更好的效果，还可以设置“惩罚”。比如“减少玩玩具的时间”等不太重的惩罚。

达成之后要奖励

如果成功地坚持了21天就要有所奖励。推荐不增加家里物品的奖励方式（参考第55页）。

达成之后，推荐用不增加家里物品的奖励方式来奖励

全家人一起去游乐园

带着孩子去他想去的地方，比如游乐园或动物园。没有必要去太远的地方，当天去当天回或者住一晚都可以。

吃一顿大餐来庆祝

可以买寿司或者蛋糕，也可以问问孩子喜欢什么之后做给孩子吃。

设置“可以晚睡”等特殊的日子

平时禁止的事情也可以解禁一次当作奖励。比如“晚上多晚睡都可以”。

有形的奖励有哪些？

可以奖励整理时能用到的东西！

虽然不推荐增加东西，但能用于收拾房间的东西还是可以作为奖励的。

高性能的收纳箱

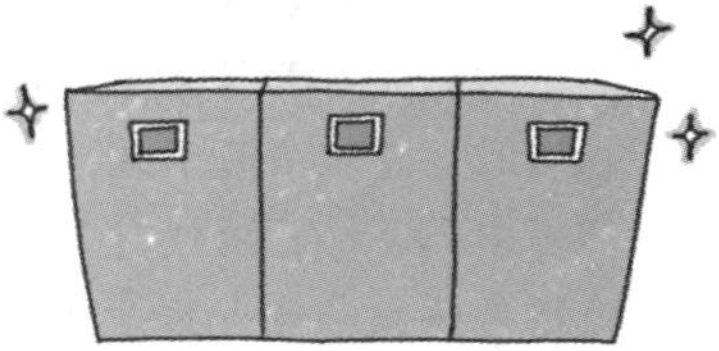

有成就感下次才能坚持

坚持了21天的行动，之后就能继续坚持下去了。成功完成第一个事项之后就可以挑战第二个不好的习惯了。

在养成整理习惯的过程中，成就感是很重要的。比如之前做不到的事情现在很容易就能做到，头脑变得清醒可以集中精神学习等。这种成就感也能给孩子增加接触新事物和努力学习的动力。

家长要在孩子整理方面有进步的时候夸奖孩子。这样孩子才能真正感觉到收拾东西的重要性，并继续坚持下去。

5

用做游戏的方式把东西物归原处

先想好目标

让孩子判断整理某个东西需要的步骤是非常难的。最开始的时候家长要帮助孩子做出判断。

把东西归位时怎样才算达成目标了呢？没有目标就无法进行下去。所以要在开始整理之前，预想好具体的目标。

在这时“整理项目卡片”就派上用场了。可以让孩子做一张第57页中的表格，以便对需要达成的目标有一定的概念。做这种表格跟画画很像，孩子在高高兴兴画画的过程中对收拾东西这件事的印象也会变得更好。

这样做对今后的学习也会起到很大的作用，规划好把事情做到什么程度、怎样做，可以迅速提高学习的效率和能力。

全家人一起把东西归位

把东西归位这件事也要全家人一起做。全家人一起整理客厅这种共用的空间会增加竞争感，干起来更有趣。

在孩子收拾房间的时候，家长可以把包之类的在哪里都能收拾的东西拿到孩子旁边，和孩子一起整理。家长在旁边看着孩子会更安心，收拾起东西也更顺利。

制作“整理项目卡片”

需要准备的物品

· 一大张纸
· 彩色铅笔、蜡笔、圆珠笔（使用不同的颜色，过程会变得更有趣）

写成文字，目的意识更强烈

写下用多长时间收拾哪里，可以明确目标，增加干劲儿。

昭子 为了 朋友哈妹的到来 在

1月20日 之前收拾好 自己的房间

收拾好之后奖励 去一次水族馆

现在

目标

不要以一个房间为单位，只以一个角落或者某些东西为单位就可以

如果准备收拾的房间不是一天两天能收拾好的，可以规定范围，比如“书架的一个空间”或者“玩具”。

收拾成什么样才算完成目标，可以在画中给一个大致的印象

收拾成什么样才算完成目标，画成画，形成一个印象。目标明确之后，整理也更容易成功。

计时15分，大家一起“开始行动”

要点1 决定选手和负责的区域

对于全家人共同使用的房间，要先确定每个人负责的区域，再一起收拾。包、玩具等最好拿到自己的房间去收拾。

要点2 实况转播来增添气氛

裁判要实况报道每位选手的状况，这样能增加竞争的感觉，加快速度。

用整理主题的乐曲来添加气氛

播放乐曲的时候要集中精神收拾东西

绝不能输给漫画和电视对孩子的诱惑，事先说好“播放乐曲的时候不能分神”。

标准是每支曲子5分钟，每次放三支

收拾东西一般一次15分钟，所以可以配合三支乐曲。推荐大家使用运动会上播放的那种有竞争感的乐曲。

收拾很多次的时候要增加间隔

像周六日这种时间充裕的日子，可以以15分钟为一组，播放几次。不过为了不让疲劳感累积，可以每15分钟休息一下。

每次只要收拾房间15分钟就OK！

重新布置房间每次只需要15分钟就可以了，收拾的范围控制在15分钟能收拾好的范围之内。

就算你收拾了15分钟之后还想要收拾其他地方，建议你还是不要这么做。一口气收拾好几个地方，或持续一两个小时，使人会疲倦。

另外“15分钟之内集中精神”的习惯也会影响孩子的学习习惯，在短时间内集中精神的习惯有助于孩子提高学习的效率。

coffee break

公布邻居家的收拾方法!

大家都是怎么教孩子收拾东西的?

“别人家是怎么教孩子收拾东西的呢？”
“孩子都有什么变化？”
我们来问一下爸爸妈妈们。

在孩子面前收拾东西

我家有一个7岁的女儿。我在她面前收拾东西，她就会模仿着收拾自己的文具盒和房间。学校的老师也表扬她能把书桌收拾得很整洁，上课时也更容易集中精神。

让孩子认识“数字顺序”“高矮顺序”等

我家是一个12岁的男孩儿，在他收拾东西的时候我会告诉他要按顺序摆放。这样做效果很好，他的书架总是很整洁。他能马上把要用的教材拿出来，学习效率也因此提高了。

告诉孩子去哪里拿东西，让他明确东西的固定位置

我有一个12岁的儿子。我会明确告诉他家里人共同使用的东西的固定位置，告诉他到哪里取这个东西，并把用过的东西放回原处。孩子养成习惯后，能把自己房间的学习用具收拾得很整齐。学习用具用起来方便，学习效率也跟着提高了。

清清楚楚地告诉孩子书包的哪个部分应该放什么

我家有一个8岁的女孩。在我非常具体地告诉她书包的哪个部分应该放什么之后，她不再丢学习材料了。她从学校回来之后会一边把学习材料递给我一边跟我讲学校发生的事情，我非常高兴。

我一定会表扬孩子“收拾得真干净，你真了不起！”

我有一个6岁的儿子。他每收拾一个地方我都会表扬他，现在哥哥弟弟弄乱的东西他也会收拾。他从小养成了“做完一件事就开始着手做另一件事”的习惯，学习也很有规律和劲头。

让孩子把东西收拾到有小格子的收纳箱里

我有一个4岁的女儿。我会让她把“过家家的东西”“绘画用具”“装饰品”放在一个有三个格子的收纳箱里。让她从现在开始学习，以后上小学了就能整理好书桌的抽屉了。

耐心地告诉孩子该怎么整理

我有一个6岁的女儿。我会和她一起收拾东西，并当场耐心地告诉她该怎么做。养成了收拾房间的习惯之后，她越来越喜欢读书、折纸和捏橡皮泥这类思考性的游戏了，而且做游戏的时候精力非常集中。

特别收录
让孩子通过整理书包来进行收纳实践

整理四步走，收拾书包变轻松

孩子的书包总是被各种材料和教材塞得满满的

1 拿出来

把书包里的东西一样不剩地都拿出来。

2 分分类

要用的　　不用的

把东西分成第二天学校要用的和不用的。

3 减减负

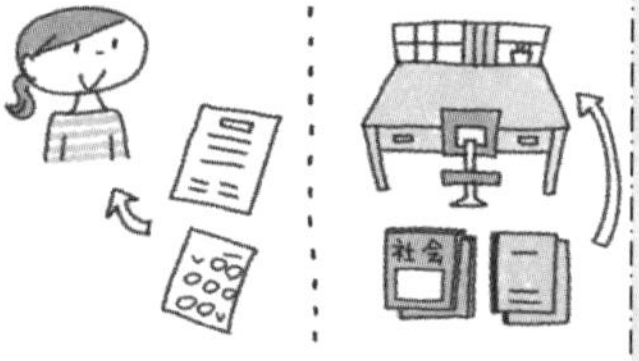

把不用的东西收好，教材放到书桌的收纳空间里，相关的材料交给家长保管。

4 收起来

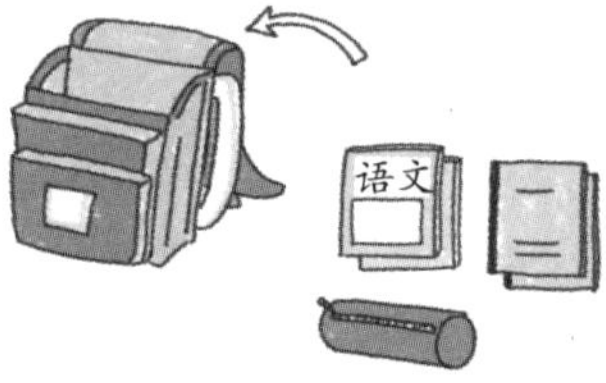

把明天要用的东西放回书包。每天都要坚持这4个步骤。

第四章

不同收纳空间的整理法

玩儿完放好，再玩儿不难

玩具整理法

一边整理一边思考，怎么整理玩儿起来才更方便，会很不可思议地发现，不仅房间整理干净了，连头脑也跟着一起整理清晰了。

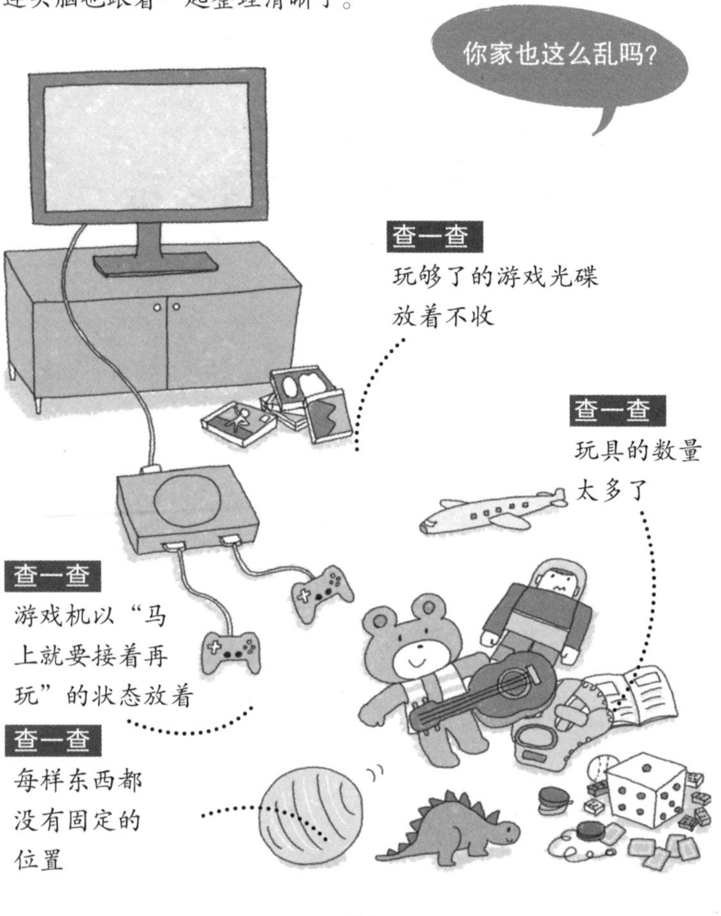

定好规则

玩儿完的游戏用具马上就收起来

规则1

必须把刚刚玩儿完的游戏用具收拾好才能玩儿下一个游戏

在开始下一个游戏之前要先把现在玩儿的玩具收拾好，这样游戏结束之后收拾起来就很轻松了。经常整理可以保持周围环境的清洁，自然就可以创造能够集中精神学习的环境了。

规则2

拿出来就放着不管是不行的，每次都要放回原位

把装在箱子和盒子里的东西拿出来就放着不管，是找不到东西的根本原因。要让孩子记住什么东西放在哪里，而且要物归原位。这样可以培养孩子管理事物的能力。

规则3

几个人一起玩儿的时候，拿东西出来的人要负责放回去。

兄弟姐妹几个人一起玩儿的时候，有时会为了谁来收拾而吵架。如果让“拿东西出来的人”负责收拾的话，就不会吵架了。对自己做过的事负责可以培养孩子的责任感（参考第28页）。

养成习惯之后
就开始归置

让孩子思考为了下次玩游戏应该怎么归置

大孩子应该怎么教?

收拾时东西不要摞得太密集

收拾之后最好一眼就能看到哪个玩具放在了哪里，这样拿出来、放回去都方便。培养孩子思考在不同的空间放什么东西，可以提高他们的空间掌握能力（参考第29页），有利于提高学习和做作业的效率。

最喜欢的玩具要放在最容易拿到的地方

东西不仅要有固定位置，还要选出“最喜欢的玩具”，放在最容易拿到的位置。这样下次玩游戏的时候马上就能拿出来，不但方便，还能让孩子养成“经常使用的东西放在手边”的整理习惯，有利于提高学习和做作业的效率。

小孩子应该怎么教?

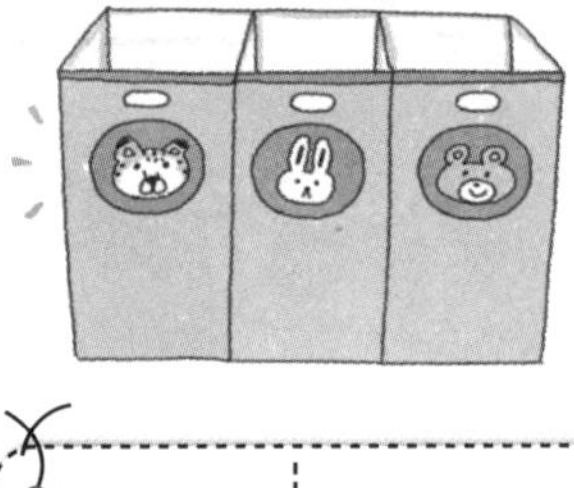

给收纳场所贴上标志，简单易懂

家长可以在每样玩具的固定位置做好标记，比如“○○是小兔”，“○○是小熊”，这样一看标志就知道什么东西放在哪儿了，小孩子也很容易就能记住。

游戏光碟放在哪里好呢?

如果电视放在客厅，就不要把游戏光碟放到别的房间了，因为那样拿起来会很麻烦。可以把游戏光碟放在电视柜或者离电视较近的地方。

孩子和家长一起挑战！

重新整理书桌和架子

第一步

拿出来

选一个玩具箱，把里面的玩具都拿出来

第二步

分分类

把玩具分成经常玩儿的和不经常玩儿两类

要是问孩子哪个玩具要哪个不要，孩子肯定说全都要，那就没办法收拾了。间隔一定时间，比如一个月或者半年，就要拿着玩具问孩子玩没玩，把玩具分成经常玩儿的和不经常玩儿两类。

第三步

减减负

粗一点更易做

如果对收纳规定得过于细致，反而会让东西更乱。可以大致决定一下东西的分类，比如哪里放球类，哪里放积木，在箱子上贴上标签或纸，写上箱子里装了什么东西，这样简单易做。

第四步

收起来

定好上限、减少数量

确定每种玩具的上限，比如“玩偶只能有10个”“游戏软件只能有15个”。还可以把玩具分类，把孩子最经常玩儿的玩具放在一个箱子里，当做“第一军团”；玩儿得不多但不想扔的玩具放在另一个箱子里，当做“第二军团”。

※“整理的四个步骤”的详细内容请参考第41页。

杂乱的书桌，杂乱的头绪

书桌和架子的整理法

把书桌收拾好，

有利于孩子集中精神、提高注意力。

桌面的最佳状态是什么都没有。

收拾好书桌，有助于孩子提高学习效率。

你家也这么乱吗?

查一查

用不着的教材
还放在书架上

查一查

教科书和笔记
平着叠放
在桌上

查一查

功课做完了，可一
直到第二天早上文
具还放在桌子上

查一查

和学习没关系
的东西也放在
桌子上

定好规则

书桌上不要放新东西

规则1

只把学习正要用的东西放在书桌上

书桌上如果有跟正在学的没关系的东西，很可能会在中途打断孩子学习，分散孩子的注意力。用书桌的时候，只把学习正在用的东西放在书桌上，这样有利于提高孩子的注意力和学习成绩。

规则2

学习结束后把教材放回固定位置

学习结束或者告一段落的时候，要把教材之类的都放回原来的固定位置，尽量让桌面变成没有东西的状态。只要桌面的一部分什么东西都没有、完全空出来，孩子就能以全新的心情投入学习，而且劲头十足。

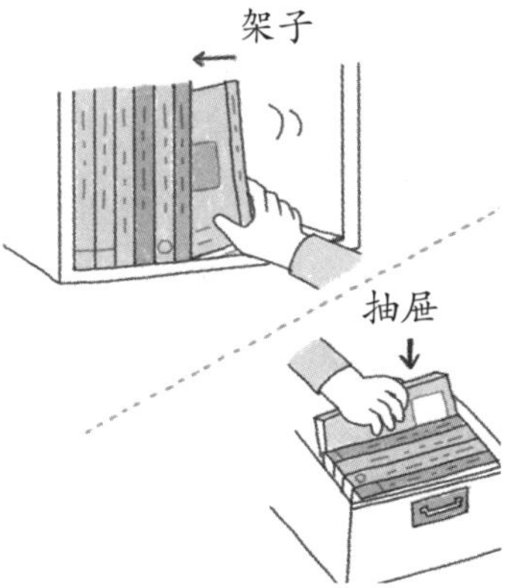

规则3

把教科书和笔记放回架子或者抽屉的时候要保证书脊朝外

把教科书和笔记平着叠放在书桌一角，放在下面的东西被埋在下面不好抽出来，而且也无法知道下面都压着什么东西。为了提高学习效率，在把教科书和笔记放回架子或者抽屉的时候，要保证书脊朝外。

养成习惯之后
就开始归置

让孩子思考书架应该怎么摆放

大孩子应该怎么教？

只把每天一定要用的东西放在书架上

书架上只放使用频率高的教材。视线范围内的东西太多，会分散孩子的注意力。书架摆满了的时候，除了每天会用的东西，都要暂时从书桌上拿开，放在抽屉或者箱子里。

使用频率低的东西要放在抽屉里面

使用次数少的东西要放在书桌最下面的抽屉或者书桌以外的地方。还要把这些东西分成“偶尔会用的东西”和“几乎不用的东西”，前者放在抽屉前半部分，后者放在抽屉后半部分，这样更容易区分。

小孩子应该怎么教？

分门别类，“拿出来”“收起来”会 更容易

对按照“使用频率”来分类觉得很难的孩子，可以教一些简单的分类方法，比如按照“语文”“算术”等科目分类，或者按照“教科书”“笔记”等更大的类别来分类。

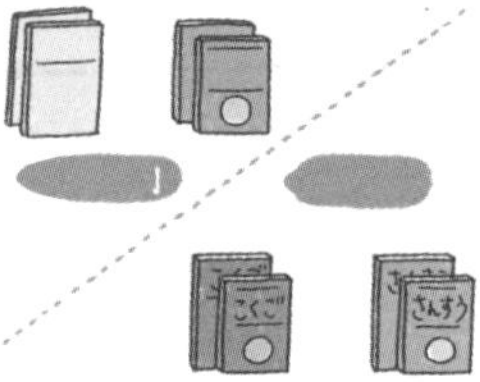

家长和孩子在书桌对话。

书桌就是未来的办公桌。家长可以告诉孩子：“在公司书架上应该放××”，这样的对话对孩子今后的工作也有益。

孩子和家长一起挑战！

重新整理书桌的桌面和书架

第一步

拿出来

把书桌分区，放不下的东西先放在地板上

把书桌分区，比如分成右半部分和左半部分。不过要是先从塞满东西的书架开始收拾，书桌上的东西就会摆得更乱了，就更没办法整理书桌了。所以要让孩子先收拾书桌，然后再收拾书架。

第二步

分分类

把东西分成上课考试要用的东西和不用的东西

根据“现在是否使用”把东西分成两类，比如上课要用的教科书、笔记和参考书等是要用的东西，做完的习题集和测试卷是不用的东西。

第三步

减减负

保管的东西要记录归档，剩下的东西都扔掉

第四步

收起来

把东西都收到书架和抽屉里

把东西都收到书架和抽屉里，桌面上不要留任何东西。如果放不下，就要精简一下东西，或者把书架和抽屉再整理一遍。

※“整理的四个步骤”的详细内容请参考本书第41页。

抽屉不是杂物箱

书桌抽屉的整理法

整理抽屉，管理物品，
不仅能提高孩子的学习效率，
还能培养孩子今后管理人和事的
“管理能力”。

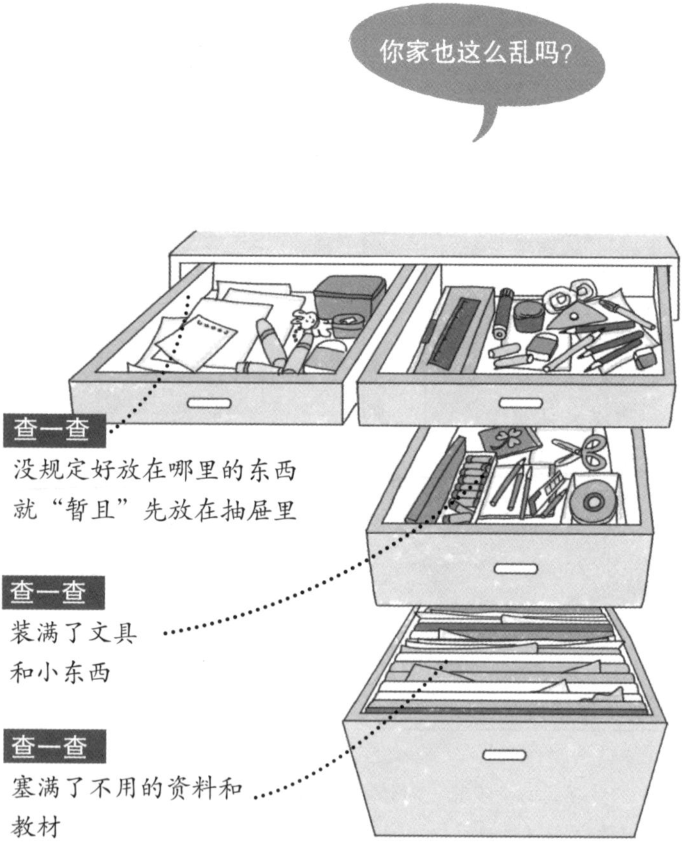

定好规则

重复“从哪个抽屉里拿出来的就要放回哪个抽屉”

规则1

让孩子记住东西是从哪个抽屉拿出来的

不要让孩子随手就把东西拿出来，而要让他有意识地记住哪个东西是放在哪里的，比如“这是放在最上面的抽屉里的橡皮”。经常让孩子记东西也有助于锻炼学习中很重要的记忆力。

规则2

最开始只要放在抽屉里就OK

让孩子把东西准确放在抽屉的某个具体位置，难度比较大，比如放在抽屉的最外部或是左后部。最开始只教孩子放在抽屉里就可以。

规则3

还没定下来放在哪里的新东西可以暂时保存在后备整理箱里

还没有固定位置的东西可以暂时放在后备整理箱里。等了解到经常在哪里使用之后，再让孩子考虑一个合适的位置，作为固定位置。

养成习惯之后就开始归置

让孩子决定哪个抽屉应该放什么

大孩子应该怎么教？

把东西分成“文具”“小东西”和“材料、教材”三类

最上面的抽屉放文具，第二个抽屉放便笺和信封，第三个抽屉放练习册和教材。这样大体地分一下类，孩子更容易掌控自己的东西，减少找学习用具的时间，进而提高学习效率。

手边的抽屉要放马上要用的东西

手边的抽屉要放作业等马上就要用的东西。只要孩子养成了这样的意识，知道手边抽屉里的东西都是必须马上完成的事物，就能订立自己的周密计划，养成在期限内完成任务的习惯。

小孩子应该怎么教？

在标签上登记抽屉里装的东西，之后贴到抽屉上

在标签上用大字登记抽屉里都装了什么，让孩子很容易就能明白。如果孩子还不认字，可以画画贴在抽屉上。

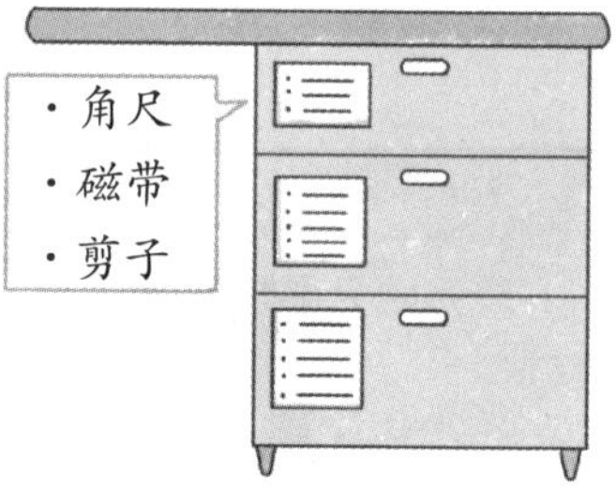

堆积起来的材料可以每学期或每学年处理一次

试卷等打印材料可以等收集到一定规模再整理。时间可以选在新学期或学年开始或结束时，家长可以一边问孩子哪些需要一边整理。

孩子和家长一起挑战！

重新整理书桌的抽屉

第一步

拿出来

选出一个抽屉，从书桌里拿出来

要把所有抽屉里的东西全都拿出来一次性整理好，反而会收拾不彻底。可以让孩子选一个要收拾的抽屉，拿出来放在书桌上。

第二步

分分类

按照一个月之内是否使用将东西分类

如果只是按照是否使用来分类，那除了坏了的东西，其他都还要用，就没办法处理了。像圆珠笔和剪子这类经常使用的东西可以归为一个月内要用的东西，使用频率低的东西可以设半年为限，让孩子来判断使用情况。

第三步

减减负

东西要精简到一眼望去就能看到的量

减负目标是空出20%的空间。从上面看过去可以知道抽屉里都装了些什么东西就可以了。如果东西还是重叠放着，就还要再精简。

第四步

收起来

把最常用的“第1军团”放在最上面的抽屉里

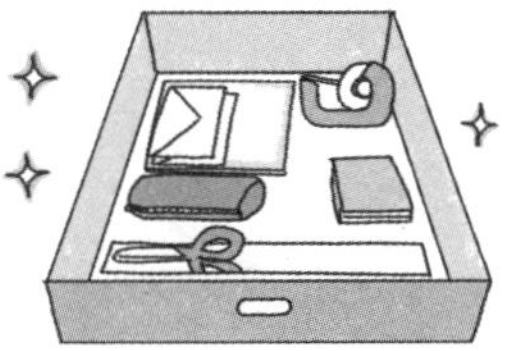

※“整理的四个步骤”的详细内容请参考本书第41页。

空间虽小,也要井井有条

文具盒和文具箱的整理法

文具盒和文具箱是养成“决定放什么,用完就放回去”习惯的恰当的小空间,不能无计划、随意地收拾,正好用于练习“拿出来,放回去”。

你家也这么乱吗?

查一查

东西都埋在下面,不知道都有些什么

查一查

有没有一个月以上没用过的东西

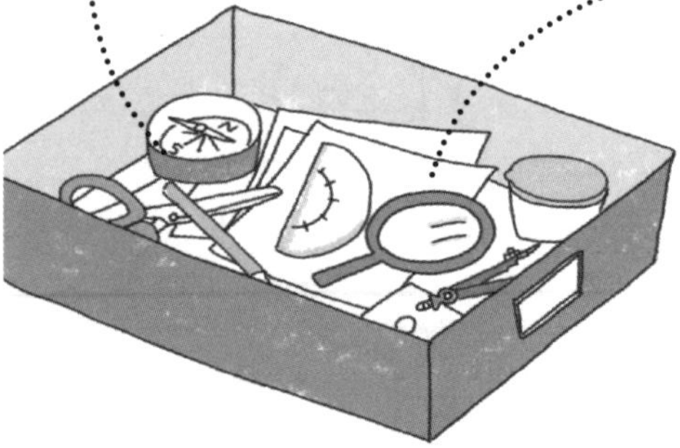

查一查

没有油的圆珠笔和坏了的铅笔也混在里面

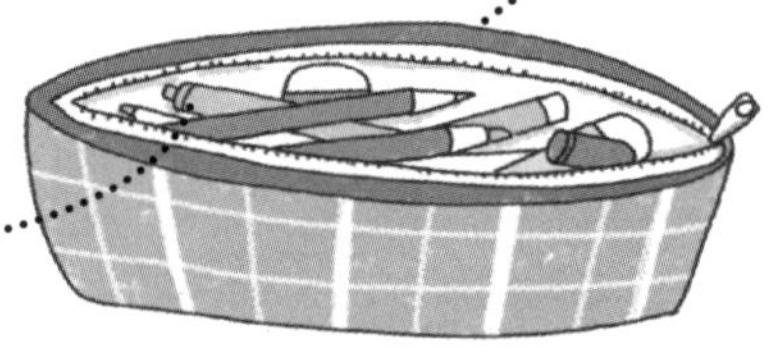

查一查

塞得太满了,搬的时候太沉

定好规则

规定好不能弄丢东西，或者增加太多东西

规则1

做完一件事马上把所有东西都放回箱子

作业做完了或者告一段落之后，就要把使用的东西全部放回箱子。这样回到初始状态，可以让孩子重整心情，在做下一件事的时候也更容易集中精神。

规则2

钢笔用完马上盖上笔盖

用完钢笔马上盖上笔盖，不仅不会把笔盖弄丢，还能防止笔变干无法写字、文具盒被墨水染色。把书写用品都整理准备好，可以让孩子更有兴致写字或画画。

规则3

同样功能的东西不能买或者要有数量限制

形状相同但设计不同的文具买起来可就没完没了了。要规定好同类东西的上限，比如“圆珠笔一个颜色只能有一支”，让孩子学会珍视自己已有的东西。

养成习惯之后
就开始归置

让孩子决定每件东西在箱子里的固定位置

大孩子应该怎么教？

把东西放回文具箱时要注意不能重叠在一起

文具箱里的东西形状各异，有圆规和量角器之类平整的东西，也有较大的东西。摆放的时候可以把东西立着或者平放，尽量从上面能看到所有东西。这样可以防止找不到东西重新再买。

文具盒分成“平时用”和“考试用”两种

文具盒可以分成两种，考试用的文具盒要多装几支铅笔和圆珠笔，而平时用的文具盒只装每天要用的东西就可以。可以让孩子决定文具盒里装什么，这有助于他们整理思路。

小孩子应该怎么教？

“整理”之后推荐家长用猜谜的方式来收拾东西

可以给文具箱分区或者在箱底贴上绘画纸，这样更容易知道哪个部分装了什么东西。以这种埋下谜语的感觉来整理文具箱，孩子会觉得归置步骤很有趣。

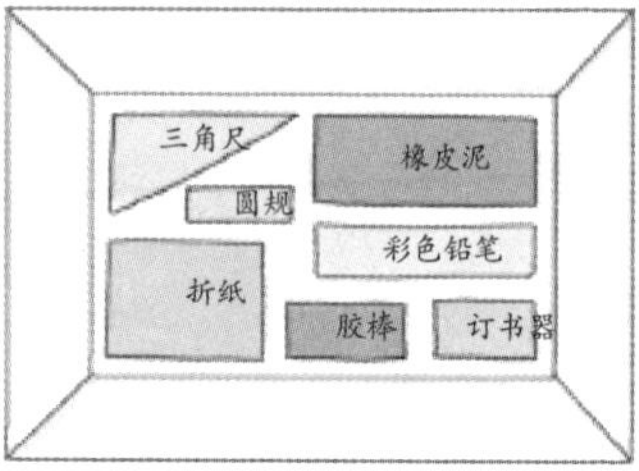

什么形状的文具盒才理想呢？

面对收纳空间太多或者分区太多的文具盒，孩子会不知道哪里放什么东西好，反而让孩子不好管理。所以，能放铅笔、圆珠笔和橡皮这三种东西的文具盒够用了。

孩子和家长一起挑战！

重新整理文具盒和文具箱

第一步

拿出来

选出一个文具箱或文具盒，放在书桌上

第二步

分分类

按照是否每天使用，将东西分类

像铅笔和圆珠笔这类使用频率高的物品，要让孩子来判断哪些是每天都要用的。剩下的物品按照1个月至半年是否使用再进行分类。

第三步

减减负

将来会用但现在不用的东西也要作为处理对象

为了将来会用到而保存的东西，如果没有使用的计划，就跟没用是一样的。只要预见到哪些东西不会马上使用，就可以建议孩子扔掉。

需要扔掉的候补品

- 短到用起来很困难的铅笔
- 有墨油但基本上不用的圆珠笔
- 不完整的角尺
- 用得只剩很小了的橡皮等

第四步

收起来

把最常用的“第1军团”放在最上面的抽屉里

最后只要把东西放回原来的地方就可以了。这样文具盒和文具箱一下子就变轻了，心情也会跟着舒畅很多。

※“整理的四个步骤”的详细内容请参考本书第41页。

为“新知识”腾出空间

书架的整理法

书架装满了，新知识就进不来了，
视野和兴趣也就无法拓宽了，
整理、归置孩子房间的书架，
可以帮助孩子汲取更多知识。

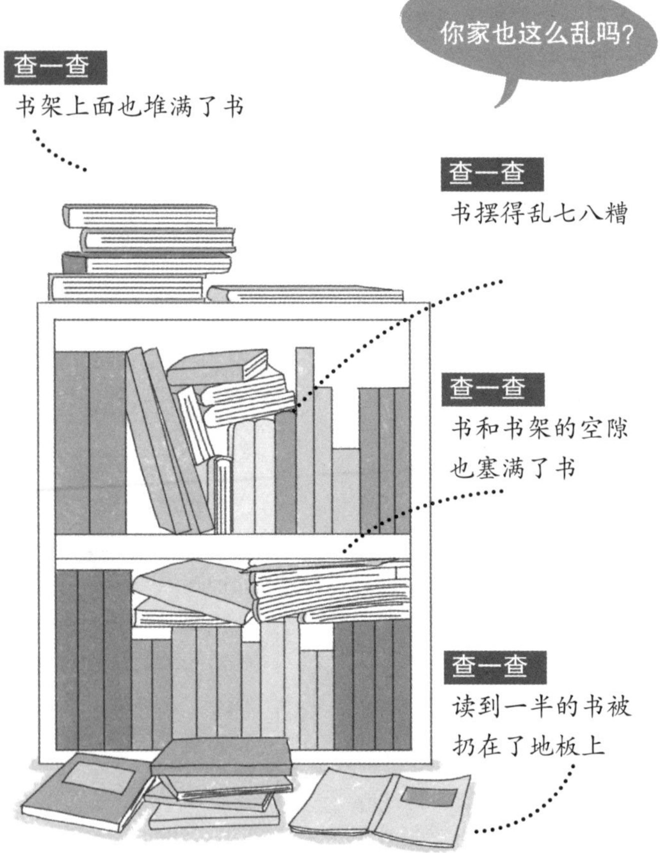

定好规则

大原则是“读完一本书就马上收起来”

规则1

在开始阅读下一本书之前先把读完的书收起来

将读完的书马上收起来就不会弄乱书架，而且也省去了收拾的时间，孩子就能有更多时间投入阅读了，同时也提高孩子的集中力。

规则2

书架上面和空隙处不能放任何东西

书架上面和书架里的空隙处要空着。当书架摆满了，不得不放在书架上面和空隙处的时候，可以在书架以外的地方找一个新书的暂时放置场所，之后再整理。

规则3

读了一半的书也要在睡觉之前放回书架

如果孩子以“明天还要读”为理由把书拿出来放着不管，就会陆陆续续拿出很多本书。应该让孩子养成习惯，用书签记录读到了哪里，之后把读了一半的书放回书架。

养成习惯之后
就开始归置

注意要分门别类地归置图书

大孩子应该怎么教？

按照顺序重新摆放

书要按顺序摆放，要一下就能找到想读的那一卷。孩子只要切身体会过摆放有序的书更好找，就会去整理书桌上面的架子，而且也会提高学习效率。

书脊向外摆放，提高辨识度

不要把书塞得太靠里面，要让书脊在前方对齐，这样即使书的大小和种类不同，也都能看得见。看着舒服，自然会增加选书的乐趣，提高孩子的读书欲望。

小孩子应该怎么教？

带孩子去图书馆看看图书摆放的典范

图书馆在整理书架上的图书时会让形状不同的书都能被读者看得见，可以说是图书整理整顿的典范。孩子理解了怎么摆放好，就更容易在家实践。

告诉孩子物品也有自己的“家”

对于物品来说，固定位置就和家一样。家长在教孩子收拾东西的时候可以说：“小朋友们每天也都要回家吧？你觉得这本书要是回不了家会怎么样呢？”说的时候要尽量让孩子容易理解。

孩子和家长一起挑战！

重新整理书架

第一步

拿出来

从放在书架以外的书开始整理

有书放在书架以外的话，就要先从这些书开始收拾。要按照“地板上堆着的书→书架上面的书→塞在空隙处的书”的顺序来整理，之后再整理书架第一层的书。

第二步

分分类

按照是否还记得上次阅读的时间来分类

我们不可能有足够的时间把书一本一本地仔细看完。家长可以确认孩子最后一次阅读的时间，把孩子想不起来的旧书作为处理对象。

第三步

减减负

精简图书直到空出20%的空间

再放不进去书的状态是不好的。要带着目标去整理，比如“确保还能放进去10本书”“空出20%的空间”等。如果孩子不想扔书，可以采取下面的处理方法。家长可以代替孩子来处理，并向孩子说明“这些书应该分享给其他人读”。

需要扔掉的候补品

- 送给熟人
- 卖给二手书店
- 拿到网上竞拍

第四步

收起来

剩下的书放回原位

把剩下的所有书放回原位。原来不在书架上但还要保留的书先放到书架里，之后再归置一次。

※“整理的四个步骤”的详细内容请参考第41页。

衣柜整齐，心情舒畅

衣柜的整理法

如何使用壁橱的空间，孩子在皱着眉头思考的同时头脑也跟着被整理了一次。学习的集中力和创新能力也会跟着增强。

你家也这么乱吗?

查一查

挂在衣架上一直没穿的上衣

查一查

放不进去的衣服平着叠放在柜子上

查一查

空隙处塞满了各种包

查一查

衣服塞得太多了抽屉关不上

定好规则

先把放不进衣柜的衣服叠好

规则1

挂出来的衣服要重新叠好

暂时不穿的衣服要一件一件叠好。要点是：家长和孩子一起叠，慢慢地教孩子。每天坚持这样做，孩子就懂得如何叠衣服了，孩子觉得叠衣服很有趣的时候就会自己主动叠了。

规则2

不好叠的衣服可以挂在柜子里

像夹克、外套和连衣裙这些不好叠的衣服，可以用衣架直接挂在衣柜里。这样拿出来放回去都容易，整理也更有效率。

规则3

脱下来的上衣马上用衣架挂起来

孩子经常会把上衣扔在客厅的沙发或者自己房间的椅子上。要让孩子养成习惯，脱下来的上衣马上就用衣架挂起来。收拾好放在椅子上的衣服，椅子变得整洁了，孩子也更有心情学习。

养成习惯之后就开始归置

重点在于穿的时候拿出来比较方便

大孩子应该怎么教？

穿的次数多的衣服要尽量放在外面

在平时穿的衣服里，选出穿的次数多、喜欢的衣服，放在最容易拿到的地方。准备穿衣时马上就能把想穿的衣服拿出来，让选衣服更加轻松，还可以提高孩子的品位。

叠好的衣服要竖着放

叠好的衣服要是上下叠着放进衣柜，要拿下面的衣服时就不得不把一叠衣服都拿出来。如果衣服必须要叠放在一起，那就尽量竖着放进去。

小孩子应该怎么教？

给衣柜做记号，让孩子知道里面装了什么衣服

在衣柜的抽屉上贴标签，这样孩子一看就知道里面放了什么衣服。孩子还不识字的时候可以用颜色区分，比如“手绢用蓝色的贴纸表示”。孩子识字的话，将衣物的名称直接写在标签上即可。

有兄弟姐妹的家庭，可以先教大一点的孩子整理衣服，小一点的孩子自会模仿

弟弟妹妹会模仿哥哥姐姐。所以在有兄弟姐妹的家庭，可以先教大一点的孩子怎么整理衣物，小一点儿的孩子就会模仿。

孩子和家长一起挑战！

重新整理衣柜

第一步

拿出来

把挂着的一半衣服或者一层抽屉里的所有衣服拿出来

把衣柜里所有的衣服都拿出来，房间里就会被摆得乱七八糟的。可以把上衣区右半边或者左半边的衣服，或者最上面一层抽屉里的衣服先拿出来，一点一点整理。

第二步

分开来

按照上装、下装等类别将衣服分别放在纸袋里

准备3~5个大纸袋，按类别把衣服装在里面。如果数量很少，可以不按类别，按常穿、不常穿分类。

第三步

减减负

不穿的衣服送人或拿去义卖

检查每个纸袋，确认衣服大小，判断是否继续穿。不穿的衣服给弟弟妹妹或者有小孩儿的亲戚，还可以拿到义卖会或者跳蚤市场卖。

第四步

收起来

把衣服叠好，放回原处

※“整理的四个步骤”的详细内容请参考第41页。

特别收录

给孩子画的画和手工作品拍照后，把原物处理掉！

带着回忆的物品不断累积

孩子自己的东西总的来说是要孩子自己收拾的，但有一类东西很难处理，就是孩子自己做的东西，例如画作和手工作品。

这些都是充满回忆的东西，不能让孩子自己处理，其中还会有孩子送给家长的礼物。这样一来，东西总是舍不得扔，每年不断地增加……有很多父母都有这样的烦恼吧。

拍成照片就可以随时回顾了

这些带着回忆的物品如果想看的时候却不能看，那留着也没什么意义。而且，如果把这些东西收在衣柜的角落或者抽屉的深处，还浪费了宝贵的收纳空间。

在这里我建议家长把这些物品拍成照片留下来。照片放在相册里，想拿出来看也很容易，还方便收拾，并可以经常翻看。把原物处理之后，可以空出更多的收纳空间。当然也可以让孩子自己把这些物品拍成照片留下来。

可以改变一下思维方式，我们不是“扔掉”了它们，而是把它们“以最佳状态留了下来”。在保管方法上下功夫，可以让周围环境整洁很多。

第五章

不同房间的整理法

家里的东西都堆在一起很杂乱

客厅①
茶几周围的整理法

只要家长在旁边看着，
孩子就会安心、积极地
学习或玩儿。
把全家人经常用的客厅收拾干净，
可以提起孩子的干劲。

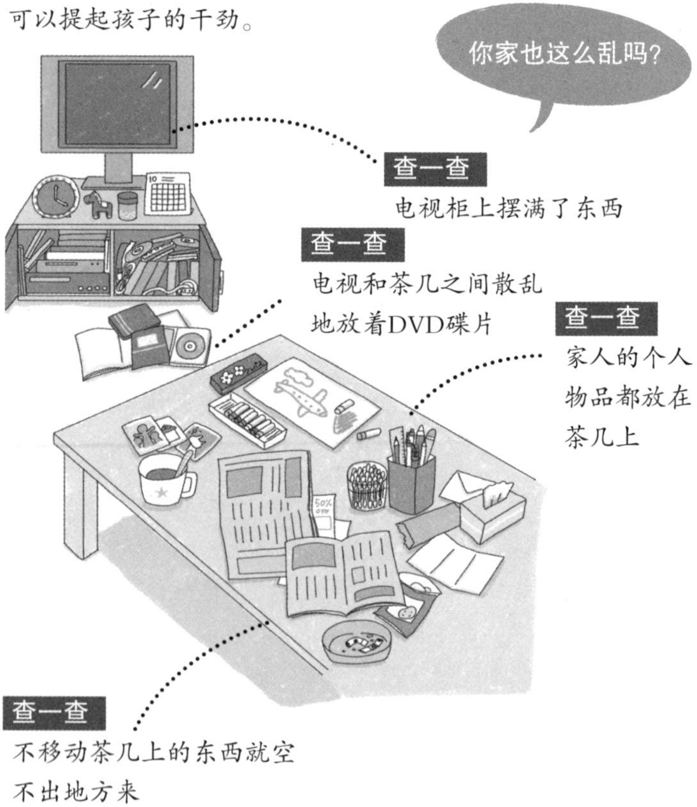

定好规则

茶几周围是“圣域”，绝对不能放东西

规则1

规定好茶几上面可以放置的物品

事先规定好茶几上只能放遥控器和花瓶，除此之外的一切物品都不能放。把其他东西一点点地处理掉，空出足够的空间，孩子就可以在茶几上学习或者绘画，做一些有创造性的游戏了。

规则2

自己的私人物品在睡觉之前都要拿回自己房间

家庭成员从自己房间拿出来的东西在睡觉之前都要拿回去。孩子养成了有始有终的习惯，第二天也能用全新的心情来学习，还能更好地集中注意力。

规则3

电视周围的危险区域不可以暂时存放东西

人们经常会无意地把东西放在电视柜上面和前面，导致东西越来越多、非常杂乱。这些东西进入视野会分散孩子的注意力。最好意识到这些区域什么东西都不要放，电视用品可以放在电视柜里，或者在电视柜附近放个小箱子来收好这些东西。

习惯之后就开始整顿的步骤

建立规则，避免暂时的搁置

家长在这里要发挥作用！

在茶几的暗处放几个简易垃圾箱

垃圾箱离得远，孩子就懒得把垃圾扔进垃圾箱了。可以在茶几旁边放几个简易垃圾箱，用纸叠的也行，方便扔垃圾。省下收拾的时间，孩子可以投入更多的时间学习。

在茶几附近设置收纳箱，装那些总是不经意放在茶几上的物品

可以在茶几旁边放一个小架子或箱子，用来放孩子每天都要用的学习工具。这样孩子一到家马上就能投入学习，自然就增加了学习的时间，也有利于提高学习成绩。

让孩子试试这样做！

让孩子擦空着的台子和茶几

家长可以让孩子做些事情。比如告诉孩子："把茶几没有东西的地方擦干净就是'整理干净'了。"这样孩子就知道什么状态算是收拾合格了。

最先收拾茶几是明智的

最先映入眼帘、最能体现整理效果的就是茶几。从最容易感受到整理意义的茶几开始收拾，可以增加孩子的动力。

孩子和家长一起挑战！

重新整理客厅茶几周围的空间

第一步

拿出来

分区后把选定区域的东西都放到地板上

先选定茶几的一个区域，比如右半边或三分之一的区域，把这个区域的东西都搬到地板上。背对着茶几整理，这样可以把精神集中在眼前的东西上，加快整理的速度。

第二步

分分类

把东西分成重复使用的和偶尔使用两类

茶几上总是放着各种各样的东西。按类别分类太浪费时间，分类时要把重点放在“现在是否使用”上，把正在使用的东西和其他东西分开来。

第三步

减减负

把一个月到半年之内不用的东西处理掉

从第二步现在不用的东西中选出孩子的个人物品。询问并让孩子判断哪些东西是一个月之内重复使用的，哪些是半年内偶尔要用的。让孩子迅速做出判断可以提高他的“取舍选择能力”。

※“整理的四个步骤”的详细内容请参考第41页。

第四步

收起来

把东西放回茶几之外的固定位置

决定好留下的东西之后，要把这些东西放到架子或者抽屉等茶几之外的地方。没有固定位置的东西先放在箱子里。可以等家里收拾好之后，和孩子商量这些东西的固定位置。

总是被包和衣服埋没

客厅②
地面和沙发周围的整理法

客厅本来是家长和孩子坐在一起欢笑畅谈的场所。
从家长那里听来的“长大以后”的故事，
对孩子未来的梦想有非常大的影响，
收拾好堆着的衣物，
创造家人能一起坐下来的空间。

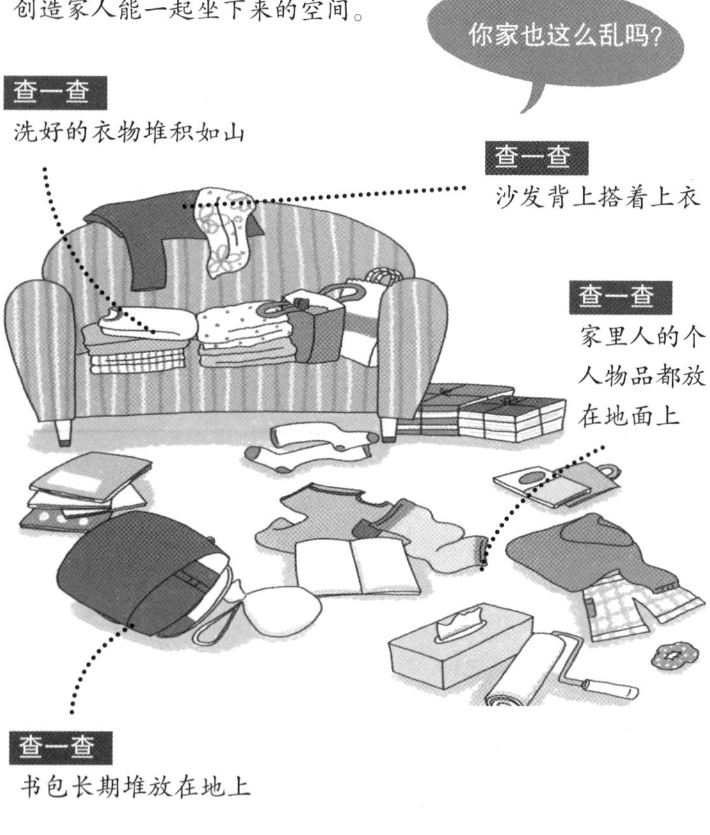

定好规则

在孩子把东西放在地板和椅子之前收拾好

规则4

从外面回来后先把包放回房间

在孩子把东西放在地板和椅子上之前，先告诉他“回到家之后10秒之内把书包放回房间”。发挥孩子“马上处理事物的能力”（请参考第18页），孩子放好了书包之后可能马上就会把作业拿出来做。

规则5

把脱下来的上衣挂在衣架上

脱了上衣之后随意放在沙发上，会让沙发上的衣服越堆越多。要让孩子每次脱下上衣后直接把衣服用衣架挂起来，放到衣柜里。

规则6

规定好一个时间把洗好的衣服拿回自己的房间

要定好几点让孩子把洗好的衣服拿回自己的房间，时间到了叫孩子过来拿。坚持21天后就能形成习惯。可以在每天都要做的事情上再附加一个动作，比如“把衣服拿回房间之后做作业”，两件事一同培养习惯。

养成习惯之后
就开始归置

收纳场所要符合活动路线

家长在这里要发挥作用！

在客厅的一角设置衣物的暂时放置处

如果家里人总是把上衣放在椅子上，就可以在客厅入口处放几个衣架，设置一个衣服的暂时放置处，之后再把上衣拿回各自的房间，挂到衣柜里。

规定洗好的衣物的固定位置，更便于衣物归位

如果洗好、叠好的衣服都堆在椅子上，你可以按家里的人数准备衣物筐，放在客厅入口附近，再把每个人的衣物放在筐内。这样更便于孩子把衣物拿回自己房间。

让孩子试试这样做！

让孩子用拖布或除尘滚清理地板

可以让孩子用拖布或除尘滚清理地板。这样孩子可以体会到打扫的乐趣，还会觉得打扫是一件很快乐的事。

沙发是家人围坐共享时光的重要空间

舒适的沙发和椅子是在家里放松的必需品。收拾干净的房间里有沙发的话，家人在客厅度过的时间自然会变长，家长和孩子的对话也会增加。沙发是一家人围坐在一起共享时光所必需的家具。

孩子和家长一起挑战！

清理客厅的地板和椅子周围

第一步

拿出来

地板

从家人经常通过的地方开始收拾

为了让孩子能够马上感受到整理的效果，可以从家人平时经常走动的地方开始收拾。让孩子选定一个这样的地方，将手能拿到的所有东西集中到一个地方整理。

椅子・沙发

根据椅子和沙发的具体大小，一半一半地收拾。

第二步

分分类

把东西分成需要和不需要两类

东西很多的话，可以不按种类来分类，而按照“是否需要”来分类。让孩子在30秒至1分钟做出判断。

第三步

减减负

把实在决定不了是否需要的东西放在保留箱里

告诉孩子，不能马上判断“是否需要”的东西可以放在保留箱里。在箱子上写上保留的期限，一般是1~2周的时间，到期限时不用的东西就要处理掉。

第四步

收起来

没有固定位置的东西先放在原处

确定留下的东西之后，没有固定位置的东西可以先放在原处（地板或椅子上）。等房间都整理好了，再和孩子一起考虑这些东西应该放在哪里。暂时放在原处的时候，可以放在墙边，以免妨碍家人在客厅的活动。

※“整理的四个步骤”的详细内容请参考本书第41页。

餐具点心放得毫无章法

餐厅的整理法

家长能看到的地方很快就能变成绝佳的学习空间。在整理归置上下功夫，有助于孩子提高学习成绩。

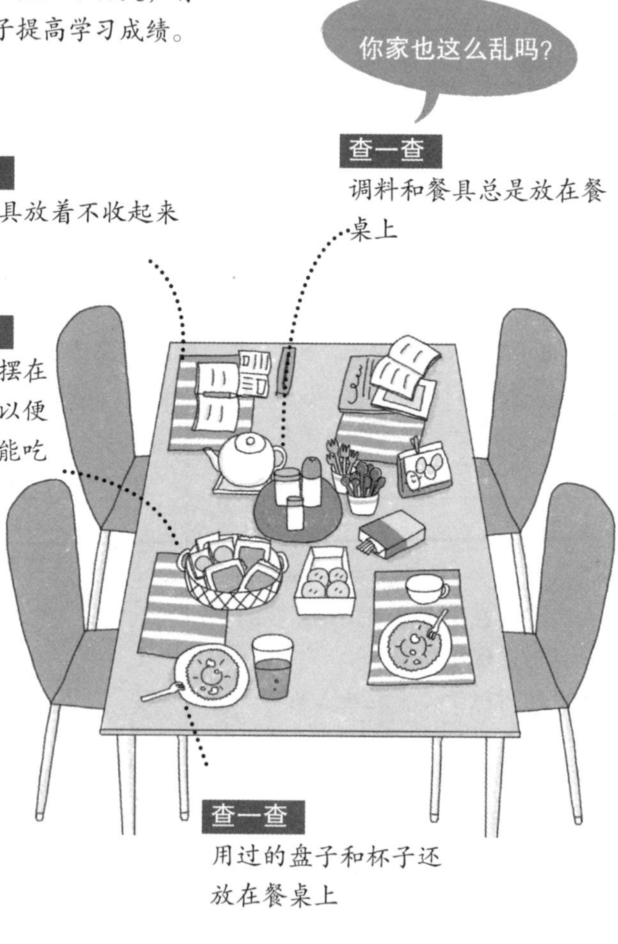

定好规则

吃饭前后整理餐桌上的东西

规则1

学习用具、橡皮屑等要在离开餐桌前收拾好

在用餐之外使用餐桌或者餐桌的一部分时，要在使用之后收拾干净，保证大家用餐时都有愉快心情。孩子在餐桌上学习时，可以让学习告一段落，然后进行整理，这样头脑也随之清晰了，再开始学习时更容易集中精神。

规则2

吃饭之前把餐桌擦干净

在准备吃饭之前，先用抹布把餐桌擦干净，扔掉垃圾，和用餐无关的东西都放到原来的固定位置。家庭成员每天重复这个步骤，餐桌上的东西就会逐渐减少。

规则3

吃完饭5分钟之内把餐具拿到洗碗池

家里明确规定，饭后5分钟之内要把空着的餐具拿到洗碗池。家长不但要拿自己的餐具，还要教孩子把家里人的筷子和盘子都拿过去。

养成习惯之后
就开始归置

不要在餐桌上放东西

家长在这里要发挥作用！

每周换一次餐桌上的花

在餐桌上放花，能让家里人有意识地去保持餐桌的整洁。比起塑料花，我更推荐鲜花。可以每周换一次鲜花来调节心情。

调料和点心放到厨房的壁橱里

把摆在餐桌上的调料和点心收拾好放在厨房，保持餐桌上什么东西都没有。调料和点心可以放在专门的收纳架里，如果没有收纳架就放在餐具架里。

让孩子试试这样做

让孩子把明天想吃的点心放在包装袋的上层

收点心的时候正好可以告诉孩子：“把你想吃的点心放在包装袋的上层，明天拿的时候会更方便。”问孩子想吃哪个点心，这种问题会让孩子对整理的印象更深。

餐厅是谁的房间？	很多人都觉得餐厅是属于妈妈的房间，所以家长可以对不爱收拾的孩子说：“餐厅是妈妈的房间，你们要把餐厅里属于你们的东西拿回自己的房间去。”这种说法会很有说服力。

孩子和家长一起挑战！

清理客厅和餐厅

第一步

拿出来

先对半划分区域，然后整理这个区域内的东西

第二步

分分类

以“过去一个月是否使用过”为标准把东西分类

餐桌上摆的应该都是餐具和个人物品。把这些东西分成闲置了一个月的东西和其他东西。让孩子收拾好自己的个人物品，家长一边询问孩子最后一次使用的时间一边帮助分类。

第三步

减减负

不用的东西要处理掉，个人物品要拿回自己的房间

已经在餐桌上闲置了一个月的东西要处理掉。剩下的东西，个人物品要拿回各自的房间。将每个人的个人物品归类后放到纸袋里，更便于整理。

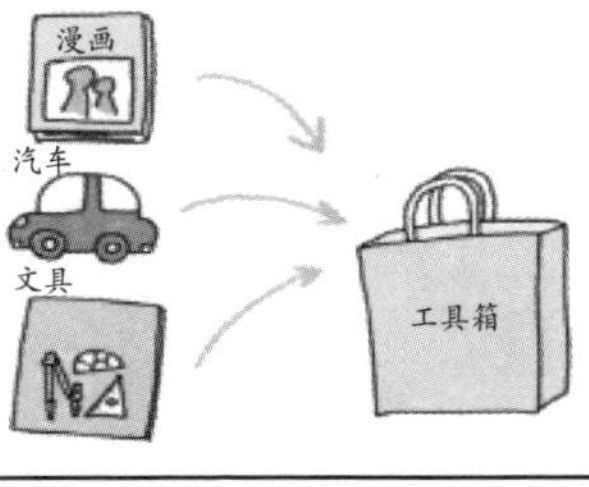

第四步

收起来

在餐厅使用的物品要收拾放到厨房的架子里

餐具和餐具垫等用品都要放到厨房去。家长可以问孩子：“刀子在哪儿？点心在哪儿？”家长可以一边提示孩子找到东西收拾好，一边让孩子记住这些东西的固定位置。点心和调料可以放在收纳架的一角。

※“整理的四个步骤”的详细内容请参考本书第41页。

摆脱塞得过满、拿出来就忘记放回去的状态

厨房的整理法

收拾厨房是让孩子帮忙，教孩子如何收拾冰箱和餐具的最好机会。

可以在学习间隙让孩子帮忙。

家长和孩子一起高高兴兴地做整理。

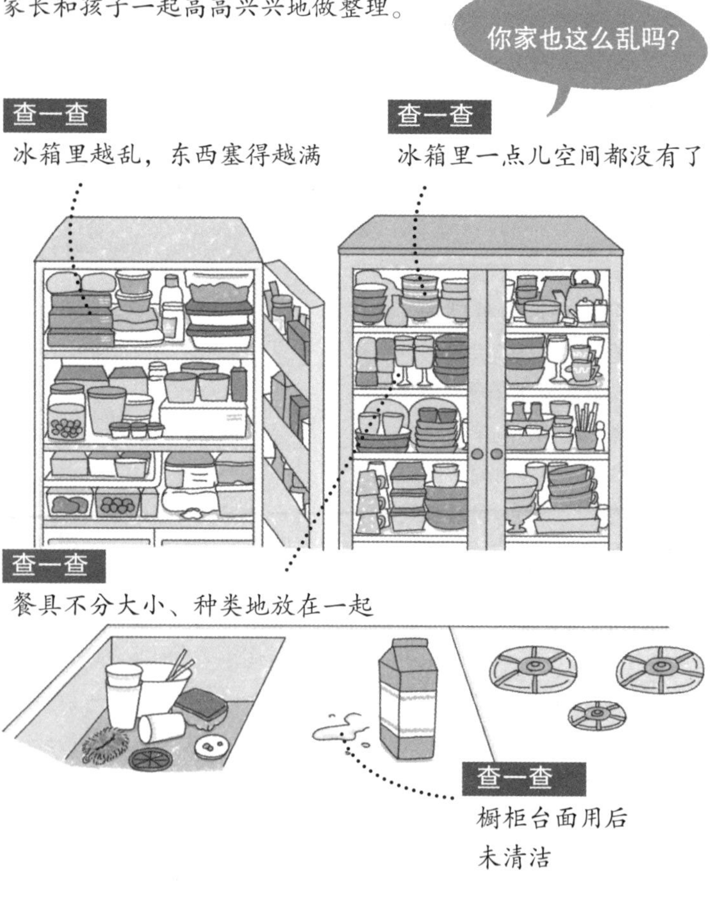

定好规则

一定要做到拿出来用完就放回去、脏了马上擦干净

规则1

从冰箱里拿出来的东西，用完后马上放回去

很多孩子喝完果汁等饮料，或用完番茄酱等调料就放在厨房不管。家长要告诉孩子这些东西不放回冰箱的话很容易变质，让他们养成用完马上放回去的习惯。

规则2

冰箱和橱柜打开后马上关好

如果孩子打开冰箱或橱柜不随手关上，家长就要告诉孩子："冰箱不马上关好东西就化了，橱柜不马上关好餐具就会掉下来，很危险。"一定要耐心地告诉孩子直到他记住。这样可以让孩子养成为他人着想的习惯，提高孩子与人相处的能力（请参考本书第14页）。

规则3

用完橱柜台面要拿抹布擦干净

往杯子里倒果汁，或把点心装进盘子的时候都需要用到橱柜台面，弄好之后一定要把台面擦干净。尤其要让孩子通过这个习惯学习为他人着想。

习惯之后就开始整顿的步骤

经常使用的东西要一目了然

家长在这里要发挥作用！

确定冰箱里放东西的位置

确定主要的食品在冰箱里的位置，比如门体部分放饮料，箱体的上层放调料等。只要孩子知道了什么东西应该放回哪里，自然就会收拾了。

餐具要按照大小和种类来分类

要规定好经常使用的东西在橱柜里的固定位置，比如小碗、茶碗、杯子等分别放在哪里。让孩子帮忙拿或者收餐具的时候可以马上告诉他东西的具体位置，比如“把橱柜上面第二个格的圆盘子拿出来”等。

让孩子试试这样做！

让孩子把擦好的餐具放回去

让孩子帮忙，就可以让他记住东西原来的位置在哪儿。不过要注意，容易摔碎的东西对孩子来说很危险，所以仅限于让他收拾塑料餐具和筷子等。

有必要在水槽放三角架吗？

考虑到打扫方便，水槽里最好什么东西都不要放。可以在水槽旁边放一个垃圾袋，专门放厨房的垃圾，等饭后收拾妥当了马上处理掉。

孩子和家长一起挑战！

重新整理厨房

第一步

拿出来

把冰箱一格或者橱柜一层的东西拿出来放在餐桌上

第二步

分分类

冰箱

将冰箱中的食品分成在保质期内和过期两种。

橱柜

按照过去一个月是否使用过把东西分类。

橱柜里面经常收着一些不用的餐具。家长可以让孩子选出他见过的餐具，这些也都是全家人平时经常使用的。剩下的餐具由家长按照过去一个月之内是否用过来分类。

第三步

减减负

冰箱

已经超过保质期的食品和想不起来什么时候买的东西都要扔掉。家长要告诉孩子："冰箱里只放能吃的东西。"

橱柜

多余的东西、一直没用过的东西要处理掉

第四步

收起来

把在餐厅使用的物品收拾到厨房的架子里

餐具和餐具垫等用品都要放到厨房去。问孩子："刀子在哪儿？点心在哪儿？"一边提示孩子找到东西收拾好，一边让孩子记住这些东西的固定位置。点心和调料可以放在收纳架的一角。

※"整理的四个步骤"的详细内容请参考第41页。

东西太多容易藏污纳垢

洗手间和马桶旁的整理法

总是看到整洁的状态，
稍微脏乱一点儿，
孩子就会意识到问题。
这种习惯如果能应用在上课或者学习中，
就能减少失误、提高成绩。

你家也这么乱吗？

查一查

浴室柜和水槽旁边摆了很多小东西

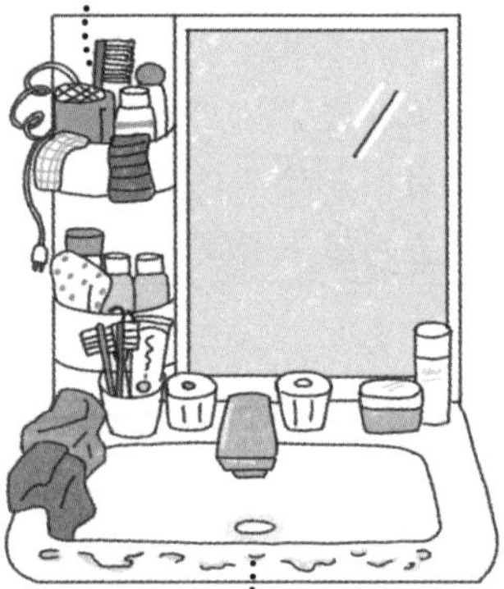

查一查

水槽周围总是湿漉漉的

查一查

马桶旁边乱堆着书和报纸等很多东西

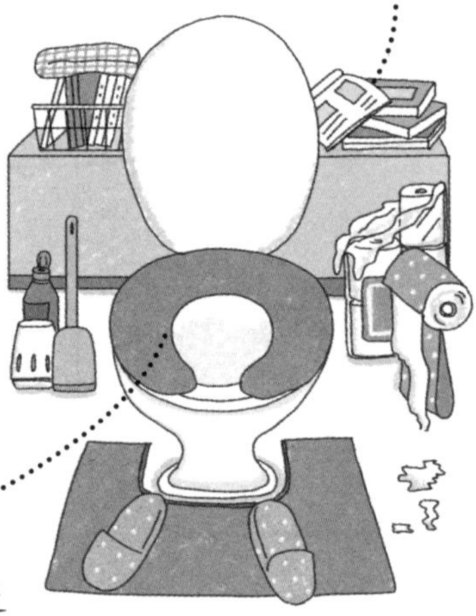

查一查

马桶盖总是不盖上

定好规则

恢复到自己使用之前的状态

规则1

吹风机和刷子等物品用完要放回原处

经常会出现吹风机的插头就插在开关上，吹风机放在面池旁边的情况。使用吹风机的人一定要把吹风机的插头拔出来，把电线缠好放回原处。

规则2

盥洗池湿了要用抹布擦干

洗手或者用了盥洗池之后，水多少会溅到面池附近。要让孩子在自己用完盥洗池之后或者别人用后，就用抹布擦干池子。

规则3

马桶盖用过后一定要盖上

盖马桶盖和把东西收起来是同样的道理，这也是基本的礼节。家人都要严格遵守，家长也要告诉孩子这是大家都要做好的一件事。这样孩子就会有意识地盖好马桶盖了。

养成习惯之后就开始归置

明确规定可以放在洗脸池和马桶旁边的东西

家长在这里要发挥作用！

面池旁边只放必须要用的东西

浴室柜和水槽旁边东西一多，手就会不小心碰到，很影响使用。要规定好这里只能放必须要用的东西，其他东西可以收到面池底下的柜子里，日后再整理。

马桶旁边只放手纸和扫除工具

马桶旁边本来空间就不大，东西一多看起来会非常散乱。规定好手纸和扫除工具的固定位置。可以放2~3卷手纸在架子上，剩下的都要收到其他的地方，扫除工具要收到角落里。

让孩子试试这样做！

卫生纸只剩一卷的时候让孩子提醒

如果孩子不知道去哪儿拿卫生纸，至少可以让他在卫生纸没有了的时候提醒家长。给孩子一些任务，会让孩子觉得自己跟家里的整理工作很有关系。

牙刷只保留每人一支

有人会把旧牙刷留下来打扫卫生用。但究竟“什么时候”用旧牙刷“做什么”却没法儿明确，很有可能根本用不到。所以没有必要留旧牙刷，只保留现在用的就好。

孩子和家长一起挑战！

重新整理洗手间和马桶

第一步
拿出来

把浴室柜的一个区域和马桶旁边的东西拿出来

第二步
分分类

洗手间

按照现在是否使用将东西分类

马桶

把东西分成上厕所要用的东西和其他东西

把东西分成手纸和扫除工具等要用的东西和不用的东西。贴在墙上的九九表和地图等也最好揭下来。

第三步
减减负

洗手间

目标是浴室柜要空出20%，水槽旁边不能有东西

浴室柜里装满了东西打扫起来很不方便，而且新东西也放不进去。要让孩子把自己的用品减少五分之一。另外，为了方便擦拭水槽，水槽旁边除了抹布什么都不能放。

马桶

不用的东西要处理掉，有固定位置的东西要归位

第四步
收起来

把所有东西都放回原位

※“整理的四个步骤”的详细内容请参考本书第41页。

脱下来的衣服和洗澡时玩的玩具杂乱无章

浴室周围的整理法

孩子脱下来的衣服在更衣处乱扔着，
浴室里有孩子拿进来玩儿的玩具……
重新整理杂乱无章的环境，
共同建立一个舒适的空间，
供孩子在学习和做作业的间歇休息。

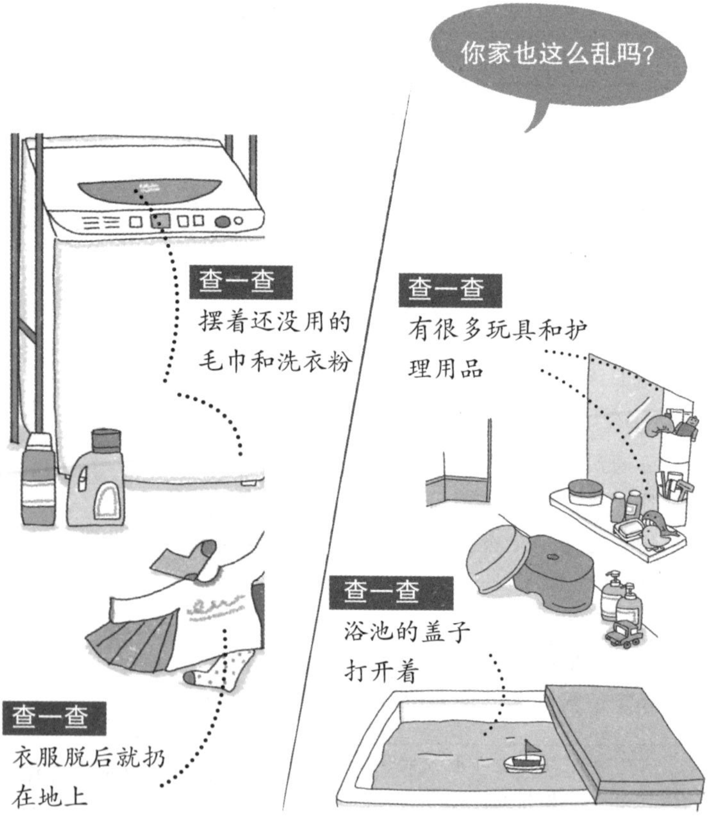

定好规则

杜绝脱下来不管和用过不管的行为

规则16

脱下来的衣服要马上放到脏衣篮里

衣服脱下来不能就不管了，每次都要马上放到脏衣篮里。如果孩子还是脱了就不管，就要规定脱衣服的位置，并让他在脏衣篮前面脱衣服。

规则17

浴池的盖子不要忘记盖好

洗澡水凉了还要再加热，这样很浪费燃气费或电费，而且浴室里也容易结露、发霉。家长可以问孩子："你是不是也不喜欢洗澡水变凉，浴室变脏啊？"在他接受了要盖浴池盖子的原因之后，自然会养成好习惯。

规则18

洗澡时的玩具在洗完澡后要一起拿出来

拿进浴室的玩具一直放着不管，玩具就会被弄脏。家长要告诉孩子："玩具不拿出去就会被弄湿弄脏，这样不好。"让孩子洗完澡就把玩具拿出去，最好能让他直接把玩具拿到阳台晾干。

习惯之后就开始整顿的步骤

更衣处和浴室只放每次必须要用的东西

家长在这里要发挥作用！

使用频率低的护理用品要放到脸盆下面的柜子里

平时不怎么用的东西一直放在浴室会积累水垢。可以把这些东西收到脸盆下面的柜子里，等用的时候拿出来，用完后把水擦干再放回去。

毛巾只放平时用的

把不用的毛巾放在外面是浪费空间。只把平时用的毛巾放在外面，不用的可以放在更衣处的柜子里或者衣橱、抽屉等其他地方。

让孩子试试这样做！

让孩子挑选不用了的毛巾

在整理毛巾的时候，可以让孩子选出不再使用的毛巾。这样不仅可以培养孩子的“取舍选择能力”，还可以把这些破旧的毛巾再利用起来，做成抹布。孩子由此就知道旧物的处理方法是多种多样的。

在洗衣机上增加收纳架是不行的！

在洗衣机周围放一个简单的、可以拆卸的收纳道具是可以的。但是收纳空间增加就意味着东西也会增加。要在没增加之前的状态下严格选取要放的东西。

孩子和家长一起挑战！

重新整理浴室周围

第一步

拿出来

选定一个区域，把这个区域里的东西放到地上或者台面上

第二步

分分类

更衣处

按照一年之内是否用过将洗涤剂分类

过去一年之内没有用过的洗涤剂，明天也没有使用的机会，可以归类为“不需要的东西”。告诉孩子：“我们只需要现在能使用的东西”。另外，毛衣专用洗涤剂的使用频率一般较低，可以少量购买，当季用完。

浴室

把东西分成每天要用的东西和其他东西

第三步

减减负

更衣处

一年之内都没有用过的洗涤剂要处理掉

浴室

不用的东西要处理掉，扫除用具要拿到浴室外

洗发剂、护发素等即使还剩了一些，如果现在不用了，还是要处理掉。孩子洗澡时玩儿的玩具也一样，但不要不跟孩子确认就直接扔掉。另外，扫除用具等没必要放在浴室里的东西，可以晾干后放到面池下面。

第四步

收起来

把所有东西都放回原位

※“整理的四个步骤”的详细内容请参考第41页。

塞满了鞋子的鞋柜

门口周围的整理法

门口是全家人每天反复出出入入的地方，
更应该保持整洁的状态，
这对孩子的身心都会有积极的影响。
为了让孩子从学校回到家一进门就有好心情，
要把鞋子和鞋柜收拾好。

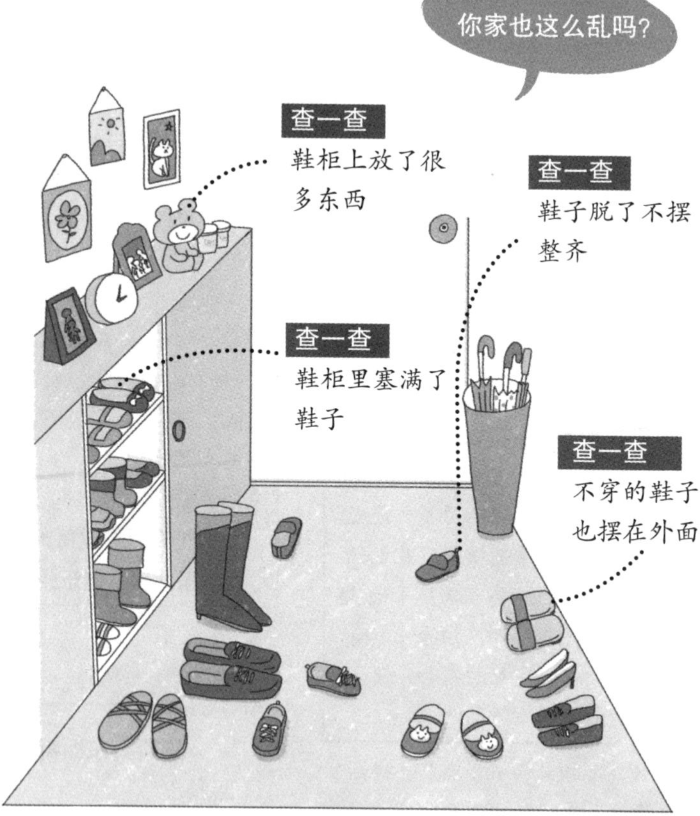

定好规则

要点在出门和进门的时候

规则1

每次脱鞋后都要把鞋子摆好

教孩子回到家脱下鞋后马上就要把鞋子摆好，鞋尖要朝门摆放。每天重复、养成习惯之后，孩子在去别人家的时候也会同样这么做。

规则2

鞋柜上可以放的仅限家门钥匙

在鞋柜上放东西，门口就会看起来非常乱，好运气也就进不了家门了。要规定鞋柜上只能放家门钥匙，或者只能放一件东西。

规则3

每人只能在门口放一双鞋

门口放很多鞋就会显得很乱。规定每个人只能放一双鞋，要拿另一双鞋出来的时候，首先要把现在的鞋放到鞋柜里。

养成习惯之后
就开始归置

确定谁的鞋放在哪里

家长在这里要发挥作用！

非应季的鞋子要放到抽屉里

把不是这个季节的鞋子放在鞋柜里很浪费空间。可以有效利用其他的收纳空间放鞋子。不要让孩子觉得鞋柜是“无限大的收纳箱”。

给家里每个人都划定一个鞋柜区域

规定好谁用鞋柜的哪个区域。有了自己的区域之后，孩子就可以自由地管理自己的东西，也可以培养责任感（请参考第28页）。

让孩子试试这样做

让孩子把出门用和学校用的鞋子分开

让孩子把鞋子分成在学校穿的运动鞋和出门穿的鞋。这样孩子也更容易掌握自己现在都有什么鞋子。

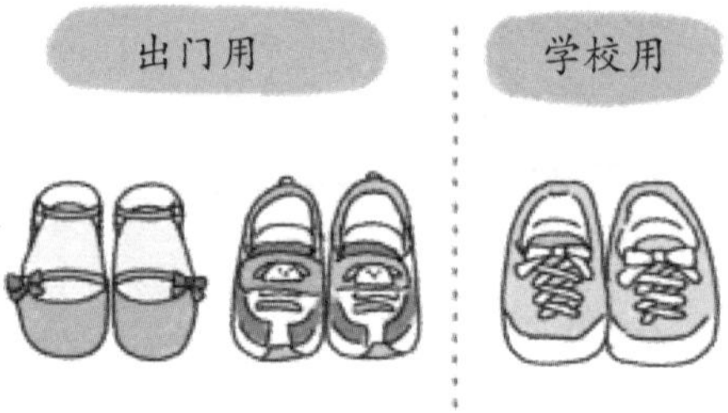

在外面玩儿的东西放在哪里？

门口经常放着孩子在外面玩儿时用的东西，比如跳绳、球类和捕虫网。这些东西一直堆放着，门口就没什么空间了。最好在外面放一个置物箱，或者把这些东西拿到孩子自己的房间去。

孩子和家长一起挑战！

重新整理门口周围

第一步

拿出来

先从放在鞋架外面的鞋子开始整理

先从鞋架开始整理的话，可能会拿出好几十双鞋。要先从门口摆着的鞋开始整理。

第二步

分分类

按照每周是否穿把鞋子分类

判断标准是是否每周都穿，不是每周都穿的鞋子就要考虑处理掉，穿着脚疼的鞋子一定要处理。尤其孩子的脚长得很快，那些他喜欢的鞋子，家长也要问问穿着脚疼不疼。

第三步

减减负

鞋穿烂了要买新的

每天都穿的鞋子，穿久了会有很多破的地方。不要觉得扔了可惜就让孩子继续穿，发现坏得明显、脏得厉害的鞋子，家长应该给孩子买双新的。

第四步

收起来

每个人在门口只能摆一双鞋，其他鞋都要收到鞋柜里

门口只能放明天要穿的鞋。其他的鞋都要收到鞋柜里，这样就可以保持门口的整洁了。

※“整理的四个步骤”的详细内容请参考第41页。

后 记

有句话是“说起来容易做起来难”。

希望读过本书的妈妈、爸爸不要只是让孩子照着书里的内容做，而首先以身作则自己做好整理。嘴上说起来容易，但实际做起来可能就没那么顺利了。家长首先要理解整理的基本知识，之后再引导孩子。比起家长说的事情，孩子更注重家长做的事情。因为孩子是看着家长、以家长为榜样成长的。

而且家长要带着快乐的心情收拾屋子！孩子会通过家长的表现来判断收拾屋子是快乐的事还是痛苦的事。要在孩子还小的时候就让他感觉到：整理是很快乐的事，原来把屋子收拾干净了心情会这么好。

建议家长用做游戏的感觉来教孩子做家务。

希望我的这本书能够帮到各位妈妈、爸爸加深对整理的理解，在帮助孩子学习整理的实践过程中有所启发。

最后，这本书的写作给帮助这本书最终面市的同事和建筑师八纳启造先生添了不少麻烦，再次表示深深地感谢。

同时我还得到了全国各地有孩子的客户的协助，在此要郑重地感谢您的支持，谢谢。

整理师小松易

图书在版编目（CIP）数据

日本妈妈的超级收纳课／（日）小松易著；张宁译．
北京：中国经济出版社，2016.1
ISBN 978－7－5136－3602－9
Ⅰ.①日… Ⅱ.①小…②张… Ⅲ.①习惯性—能力培养—通俗读物
Ⅳ.①B842.6－49

中国版本图书馆 CIP 数据核字（2014）第 293914 号

策划编辑　崔姜薇
责任编辑　张　博
责任审读　贺　静
责任印制　马小宾

出版发行　中国经济出版社
印 刷 者　北京科信印刷有限公司
经 销 者　各地新华书店
开　　本　787mm×1092mm　1/32
印　　张　4.25
字　　数　40 千字
版　　次　2016 年 1 月第 1 版
印　　次　2016 年 5 月第 2 次
定　　价　36.00 元
广告经营许可证　京西工商广字第 8179 号

中国经济出版社 **网址** www.economyph.com **社址** 北京市西城区百万庄北街 3 号 **邮编** 100037
本版图书如存在印装质量问题，请与本社发行中心联系调换（联系电话：010－68330607）